AF321695

HOBBES ET LA CONCEPTION RÉPUBLICAINE DE LA LIBERTÉ

Collection « Bibliothèque Albin Michel Idées »
dirigée par Hélène Monsacré

Quentin Skinner

HOBBES
ET LA CONCEPTION
RÉPUBLICAINE DE LA LIBERTÉ

Traduit de l'anglais par Sylvie Taussig

Ouvrage publié avec le concours du Centre national du Livre

Albin Michel

Préface

Le principal objectif du présent essai est de faire ressortir le contraste entre deux théories concurrentes sur la nature de la liberté humaine. La première, qui a pris naissance dans l'Antiquité classique, est au cœur de la tradition républicaine romaine de la vie publique[1]. C'est cette même théorie qui fut ensuite consacrée par le *Digeste* de droit romain[2], et plus tard encore associée aux cités-Républiques de l'Italie de la Renaissance[3]. L'œil fixé sur cette provenance, des commentateurs récents ont eu tendance à en parler comme d'une liberté distinctivement « républicaine » dans son caractère même[4]. Cette étiquette me paraît anhistorique[5], et j'ai pris soin, dans mes propres contributions au débat, de la décrire comme « néo-romaine[6] ». Il semble bien, cependant, que j'aie perdu cette manche de la dispute ;

---

1. Wirszubski 1960 ; cf. Brunt 1988, pp. 281-350.

2. *Digest* 1985, 1. 5-6, pp. 15-19.

3. Skinner 1978, vol. 1, pp. 3-65.

4. Voir, par exemple, Pettit 1997 et 2002 ; Brugger 1999 ; Goldsmith 2000 ; Rosati 2000 ; Honohan 2002 ; Maynor 2002 ; Viroli 2002 ; Shaw 2003.

5. Il est vrai que, au début de l'époque moderne qui marque l'âge d'or de la théorie, personne d'entre ceux qui se proclamaient républicains (au sens strict d'adversaires de la monarchie) ne contestait la théorie dite républicaine de la liberté. Mais souscrivaient également à cette théorie un grand nombre de penseurs politiques – par exemple, John Locke – qui eussent été choqués de se voir décrits comme républicains en termes d'allégeance politique. Pour la conception lockienne de la liberté, voir Tully 1993, pp. 281-323 et Halldenius 2002.

6. Skinner, *La Liberté avant le libéralisme*, trad. de l'anglais par Muriel Zagha, Paris, Seuil, 2000, p. 22-23, et Skinner 2002b, p. 14.

et, dans cet essai (ainsi que dans son titre), je me suis senti obligé d'adopter la terminologie généralement utilisée aujourd'hui.

Selon la théorie républicaine, comme elle est énoncée classiquement dans la rubrique *De statu hominum* au début du *Digeste*, la distinction primordiale au sein des associations civiles s'opère entre ceux qui jouissent du statut de *liberi homines* ou «*freemen*[7]» et ceux qui vivent dans la servitude. La rubrique s'ouvre avec l'affirmation que «la principale distinction dans la loi des personnes est que tous les hommes sont soit libres soit esclaves[8]». Comme le chapitre suivant l'explique, la *libertas* dont jouissent les hommes libres consiste dans le fait qu'ils sont «en leur propre puissance», et non pas «soumis à la puissance de quelqu'un d'autre»[9]. À l'inverse, la perte de liberté dont souffrent les esclaves naît de ce qu'ils «sont soumis à la puissance d'un maître» et donc assujettis à son *arbitrium* ou volonté arbitraire[10]. Le nerf de la théorie républicaine est donc que la liberté au sein des associations civiles est ruinée par la seule présence d'un pouvoir arbitraire, qui a pour effet de réduire les membres de telles associations de la condition d'hommes libres* à celle d'esclaves[11].

Or ces distinctions ont été adoptées par le *common law* anglais à une date précoce, et ce fait, qui n'a sans doute pas été assez souligné, est d'une importance historique considérable[12]. La figure du *liber*

---

7. Tel est le terme dont l'usage s'est généralisé dans le débat juridique et politique anglais. Il comporte parfois un trait d'union, et il est parfois écrit en un seul mot. Le scribe qui réalisa les manuscrits des *Elements of Law*, qui se trouvent aujourd'hui à Chatsworth et à la British Library, préfère écrire «*freeman*» sans trait d'union. (Les deux traducteurs du *Léviathan*, Fr. Tricaud et G. Mairet, rendent les deux orthographes par un unique «homme libre»; je le fais suivre d'un astérisque. *NdT.*)

8. *Digeste* 1985, 1.5.3, p. 15.

9. *Ibid.*, 1.6.4, p. 18.

10. *Ibid.*, 1.6.1, p. 18. Sur cette distinction entre liberté et esclavage, voir Wirszubski 1960, pp. 1-3.

11. Pour de récentes analyses de cette conception de la liberté et de la servitude, voir Pettit 1997, 2001, 2002; Skinner 1998, 2002c, 2006b; Tully 1999; Halldenius 2002.

12. Pocock 1987 et Burgess 1992 abordent le droit romain et le *common law* comme deux traditions de pensée séparées. Burgess 1992, p. 11, cite et adopte dans ses grandes lignes le point de vue de Pocock selon lequel, alors que le droit romain et le droit coutumier *(customary law)* étaient l'un et l'autre en usage en Europe continentale, le *common law* fut en situation de «monopole total» en Angleterre. Comme je me permets de le faire remarquer cependant, les concepts fondamentaux du droit anglais des personnes, tel qu'il trouve sa première formulation classique au tout début du traité pionnier de Bracton, sont tirés mot pour mot du *Digeste* de droit romain.

homo occupe une place importante dans la Magna Carta (Grande Charte)[13], et Henry de Bracton la met en discussion de manière systématique au début de son *De legibus et consuetudinibus Angliæ* (*ca.* 1260), un ouvrage que Hobbes a, semble-t-il, connu[14]. De plus, il est hautement révélateur que le traité pionnier de Bracton, dont la première édition remonte à 1569, ait été réimprimé en 1640, immédiatement après l'explosion de la guerre civile anglaise. Dans le chapitre 6 de son Premier Livre, après avoir envisagé successivement les différents types de *personæ*, Bracton poursuit en se demandant « ce qu'est la liberté » et « ce qu'est la servitude »[15]. Il affirme que les hommes sont tous libres par nature, énonçant le principe sous la forme d'une citation directe, sans pour autant renvoyer expressément au *Digeste*. « La servitude, écrit-il, est une institution du droit des nations selon laquelle quelqu'un est soumis, contrairement à la nature, à la propriété d'autrui[16]. » Comme la maxime l'implique cependant, « le droit civil et le droit des nations sont susceptibles d'enlever ce droit de nature[17] ». En d'autres termes, il est possible que votre liberté naturelle vous soit confisquée sous des systèmes de droit des hommes, et Bracton remarque que cela peut se produire de deux façons. La première est que vous pouvez être réduit à la condition d'esclave. Il nous dit, en citant à nouveau le *Digeste*, que « tous les hommes sont soit des *liberi homines* soit des esclaves[18] ». L'autre façon de limiter votre liberté naturelle (et ici Bracton introduit une catégorie inconnue de l'Antiquité) est d'entrer dans une condition de vasselage, par laquelle vous êtes également « lié à un certain degré de servitude[19] ». Comme le *Digeste*, Bracton soutient donc que ce qui enlève la liberté de l'homme libre*, c'est le simple fait de vivre assujetti à un pouvoir arbitraire.

---

13. Pour le *liber homo* dans la première édition imprimée de la Grande Charte, voir Pynson 1508, chap. 15, f⁰ 3ᵛ ; chap. 30, f⁰ 5ᵛ ; chap. 33, f⁰ 6ʳ.

14. Il semble par exemple que Hobbes se réfère dans le *Léviathan* à l'analyse de Bracton de la *servitus*. Voir Bracton 1640, 1.6.3, f⁰ 4ᵛ ; et cf. Hobbes, *Léviathan*, introduction, traduction et notes par François Tricaud, Paris, Sirey, 1971, pp. 211-212.

15. Bracton 1640, 1. 6, f⁰ 4ᵛ.

16. *Ibid.*

17. *Ibid.*, 1. 6. 2, f⁰ 4ᵛ.

18. *Ibid.*, 1. 6. 1, f⁰ 4ᵛ.

19. *Ibid.*

Cette proposition a pour conséquence cruciale que la liberté peut être perdue ou confisquée même en l'absence de tout acte d'ingérence. Le défaut de liberté dont souffrent les esclaves ne provient pas de ce qu'ils sont entravés dans l'exercice de leurs désirs. Les esclaves dont les choix n'entreraient jamais en conflit avec la volonté de leur maître ont toute latitude d'agir sans la moindre ingérence. Ils n'en restent pas moins complètement privés de leur liberté. Décidément assujettis à la volonté de leur maître, ils se retrouvent incapables d'agir jamais selon leur propre volonté indépendante. Autrement dit, ils ne sont en aucune manière d'authentiques agents. Comme James Harrington devait l'écrire en 1656 dans son exposé classique de la théorie républicaine, *Océana*, la situation des esclaves est fâcheuse en ce qu'ils n'ont pas le contrôle de leurs propres vies et sont par conséquent forcés de vivre dans un état d'angoisse sans fin, incertains qu'ils sont de ce qui peut ou non leur arriver[20].

Au sein de la théorie politique de langue anglaise, cette conception de la liberté et de la servitude en vint à occuper une place particulièrement importante dans la décennie qui précéda l'explosion de la guerre civile en 1642[21]. Les opposants à la dynastie Stuart protestaient contre les dispositions juridiques et fiscales de la Couronne qui, à leurs yeux, avaient piétiné un grand nombre de droits et de libertés. Mais certains affirmaient en même temps que ces violations n'étaient guère que les manifestations superficielles d'un attentat plus grave contre la liberté. Ce qui les dérangeait surtout était que, en faisant valoir ses prérogatives, la Couronne émettait des prétentions à une forme de pouvoir discrétionnaire

---

20. Harrington, *Océana*, trad. par P. F. Henry ; rev. et complétée par François Delastre, précédé de *L'Œuvre politique de Harrington* par J. G. A. Pocock, trad. par Claude Lefort et Didier Chauvaux, Paris, Belin, 1995.

21. Peltonen 1995, Skinner 2002b, Colclough 2003. Mais il convient de faire deux remarques ici. D'une part, je ne veux pas dire par là que cette manière d'opposer liberté et esclavage serait la seule conception ni même la conception dominante de la liberté durant la période. Pour de très utiles remarques sur ce point, voir Sommerville 2007. Et, d'autre part, il ne s'agit pas d'affirmer que ces points de vue classiques n'auraient jamais été développés par les penseurs des générations précédentes. Par exemple, Bernard 1986, pp. 150-158, fait remonter leur utilisation au tout début du XVIe siècle où ils servirent à résister aux exigences de la Couronne, dénoncées comme arbitraires.

et donc arbitraire qui avait pour effet de réduire le peuple né libre d'Angleterre à une condition d'esclavage et de servitude.

Pendant la guerre civile qui s'ensuivit, les partisans de la souveraineté absolue dénoncèrent ces allégations avec véhémence, et parmi eux, c'est Thomas Hobbes qui s'attela à la tâche de la façon la plus systématique. Hobbes est le plus redoutable ennemi de la théorie républicaine de la liberté, et ses tentatives pour la discréditer constituent un moment qui fait date dans l'histoire de la pensée politique de langue anglaise. Son hostilité est évidente dès les *Éléments de la loi naturelle et politique*, son premier ouvrage de philosophie politique qu'il fit circuler en 1640. Mais à ce stade, n'ayant pas de théorie de rechange, il cherchait seulement à convaincre ses lecteurs de ce que la théorie républicaine se berçait d'illusions et était confuse. Pendant les années 1640 cependant, il commença à élaborer une nouvelle approche, dont la version définitive parut en 1651 dans le *Léviathan*, où il présenta pour la première fois une nouvelle analyse de la notion d'homme libre* qui s'opposât délibérément à la vision des juristes et des républicains. C'est sur la formation et l'articulation de cette théorie rivale que le présent essai se concentre principalement.

La façon que Hobbes a de comprendre la liberté a déjà été analysée en profondeur, et la littérature secondaire sur le sujet se signale par de nombreux travaux universitaires de grande valeur[22]. On pourrait avec quelque raison me demander ce que je puis espérer ajouter à ces études. Ma réponse sera double. D'abord et avant tout, la plupart des études récentes ont travaillé exclusivement sur les textes de Hobbes, sans se demander ce qui pouvait l'avoir incité à formuler et reformuler ses arguments, et donc sans s'attacher à identifier la nature des controverses auxquelles il a pris part. À l'inverse, je me suis efforcé de montrer comment les tentatives successives de Hobbes de se colleter avec la question de la liberté humaine furent profondément affectées par les doctrines que les penseurs radicaux et parlementaires mirent en avant durant la période des

---

22. Parmi les études récentes remarquables, je tiens à citer Goldsmith 1989 ; Brett 1997, Terrel 1997, Hüning 1998, van Mill 2001, Martinich 2004, Pettit 2005.

guerres civiles et par son sentiment qu'il fallait d'urgence leur répliquer au nom de la paix.

L'autre raison que j'ai d'espérer pouvoir apporter quelque chose au débat est que la plus grande partie de la littérature existante se fonde sur un présupposé qui me semble insoutenable. Hobbes produisit quatre versions différentes de sa philosophie politique : les *Éléments* en 1640, le *De cive* en 1642, le *Léviathan* anglais en 1651 et le *Léviathan* latin révisé en 1668. Il y a cependant un accord quasi général entre les spécialistes sur le fait que ses convictions fondamentales, y compris sa conception de la liberté, sont demeurées « relativement statiques » et « largement inchangées » d'un livre à l'autre[23], et que les différences, s'il y en a, « peuvent toujours être interprétées comme une tentative de Hobbes de clarifier davantage ses idées originaires[24] ». Parler d'un changement de direction marqué entre les *Éléments* et le *Léviathan*, nous est-il affirmé, « c'est fondamentalement se tromper[25] ».

Ces jugements ont été généralement portés par les chercheurs qui ont étudié très spécifiquement les idées de Hobbes sur les hommes libres* et les États libres. Certains commentateurs décrètent une fois pour toutes qu'il n'y a aucune évolution à constater et se contentent de s'appuyer sur leur lecture du seul *Léviathan* pour parler de la « théorie hobbesienne de la liberté[26] ». Mais d'autres affirment explicitement qu'il « n'y a aucune preuve concrète d'un changement significatif » entre les *Éléments* et les œuvres suivantes de Hobbes[27] et que donc il n'y a pas de « transformation majeure dans la conception hobbesienne de la liberté » à aucun moment de sa carrière intellectuelle[28]. Un de mes objectifs dans le présent livre est de suggérer, au contraire, que l'analyse de la liberté à laquelle

---

23. Sommerville 1992, pp. 3, 162 ; Collins 2005, p. 9.

24. Tuck 1996, p. xxxviii ; voir aussi Parkin 2007, p. 90.

25. Nauta 2002, p. 578.

26. Voir, par exemple, Goldsmith 1989, p. 25 ; Lloyd 1992, pp. 281-286 ; Hirschmann 2003, p. 71 ; Martinich 2005, p. 79-80. Je fus moi aussi dans une certaine mesure coupable de cette même erreur, in Skinner 2002a, vol. 3, pp. 209-237, et cette présente analyse peut être lue comme une correction ainsi qu'un prolongement de cette précédente interprétation.

27. Pettit 2005, p. 146 ; cf. Warrender 1957, p. viii ; Sommerville 1992, p. 181.

28. Pettit 2005, p. 150.

Hobbes procède dans le *Léviathan* constitue non pas une révision, mais un désaveu de ce qu'il avait auparavant soutenu et que cette évolution reflète un changement substantiel dans le caractère même de sa pensée morale.

Le lecteur aura déjà compris que j'aborde la théorie politique de Hobbes non pas seulement comme un système général d'idées, mais aussi dans sa dimension politique très concrète d'intervention polémique dans les conflits idéologiques de son temps. Pour interpréter et comprendre ses textes, suggéré-je, il nous faut reconnaître la force de la maxime selon laquelle les mots sont des actes[29]. Autrement dit, nous devons nous mettre en situation de saisir quelle sorte d'intervention les textes de Hobbes auront constituée. Mon but est par conséquent de rendre compte non seulement de ce que dit Hobbes, mais aussi de ce qu'il fait en exposant ses arguments. Mon hypothèse centrale est que même les ouvrages les plus abstraits de théorie politique ne sont jamais au-dessus de la mêlée ; ils s'y enfoncent complètement. Avec cela à l'esprit, j'essaye de faire descendre Hobbes des hauteurs philosophiques, de déchiffrer ses allusions, d'identifier ses alliés et ses adversaires, d'indiquer où il se situe sur le spectre du débat politique. Au passage je fais naturellement de mon mieux pour donner une exégèse scrupuleuse des changements dans sa conception de la liberté. Mais je me suis au moins autant intéressé aux polémiques qui couvent sous la surface trompeusement lisse de son propos.

---

29. Ludwig Wittgenstein, *Recherches philosophiques*, trad. de l'allemand par Françoise Dastur, Maurice Élie, Jean-Luc Gautero *et al.* ; avant-propos et apparat critique d'Élisabeth Rigal, Paris, Gallimard, 2005.

Remerciements

L'essai qui suit est issu du cycle de cours que j'ai donnés dans le cadre de la Fondation Ford de l'Université d'Oxford pendant l'année universitaire 2002-2003. C'est pour moi un grand honneur que d'avoir été invité à contribuer à cette illustre série, et je dois commencer par présenter aux Électeurs mes remerciements les plus chaleureux. Je veux aussi exprimer ma reconnaissance aux nombreuses personnes qui ont rendu si plaisantes mes visites hebdomadaires à Oxford. Paul Slack a organisé mon emploi du temps avec une efficacité et une cordialité sans pareilles. Les directeurs et *fellows* de Wadham College ont gracieusement mis à ma disposition un ensemble de salles et m'ont reçu avec une grande gentillesse. Parmi les nombreux amis qui m'ont offert leur hospitalité et m'ont prodigué leurs encouragements, je voudrais remercier tout particulièrement Tony Atkinson, Jeremy Butterfield, John et Oonah Elliott, Robert et Kati Evans, Kinch Hoekstra, Noel Malcolm, Keith et Valerie Thomas, ainsi que Jenny Wormald. Je suis aussi très reconnaissant aux étudiants et aux collègues qui m'ont envoyé des lettres et des courriels en réaction à mes conférences, m'offrant d'innombrables corrections et autres suggestions pour améliorer mon propos, que j'ai fait de mon mieux pour intégrer à ma réflexion.

Par la suite, j'ai eu la chance de pouvoir essayer les différentes parties de mon interprétation sur trois autres publics très distingués. J'ai été invité à prononcer un cycle de conférences en octobre 2003 dans le cadre des fameuses « Page-Barbour Lectures » à l'université de Virginie, puis en mars 2005 dans le cadre des « Robert P. Benedict Lectures » à l'Université de Boston, et enfin en décembre 2005 dans celui des conférences Adorno organisées par l'Institut für Sozialforschung à Francfort. Je voudrais remercier en particulier Krishan Kumar à Charlottesville, James Schmidt à Boston et Axel Honneth à Francfort, qui furent tous des hôtes merveilleusement accueillants et attentifs.

Le titre général de mes conférences Ford était « Freedom, Representation and Revolution, 1603-1651 » (Liberté, représentation et révolution, 1603-1651). Quand j'ai repris mes notes en vue de la publication, je me suis rendu compte qu'il valait mieux que je me recentre sur les questions concernant la liberté auxquelles j'avais consacré la seconde moitié de mon cours. J'ai donc écarté mes premières conférences, dédiées au concept de représentation, qui ont été publiées séparément[1]. Malgré la minceur du volume que je présente ici, infiniment plus court que celui que les Électeurs pourraient se sentir en droit d'attendre, j'espère avoir réussi à le rendre quelque peu moins prolixe et plus cohérent.

Je suis presque embarrassé de toute l'aide que j'ai reçue pour convertir mes cours dans la présente forme, très différente. De loin ma dette la plus vive est aux spécialistes qui ont lu et commenté mon manuscrit : Annabel Brett, Kinch Hoekstra, Susan James, Noel Malcolm, Eric Nelson et Jim Tully, ainsi que deux rapporteurs des Cambridge University Press anonymes et extrêmement perspicaces. Ils m'ont à eux tous permis d'améliorer mon premier jet au point de le rendre quasi méconnaissable. Pour de précieuses discussions et correspondances, je suis également en dette envers Dominique Colas, John Dunn, Raymond Geuss, Fred Inglis, Cécile Laborde, Kari Palonen, John Pocock, David Sedley, Amartya Sen, Johann Sommerville, Richard Tuck et surtout Philip Pettit dont les travaux sur la théorie de la liberté ont beaucoup influencé ma propre approche[2]. Il y a trois noms que je ne dois pas manquer d'extraire

---

1. Skinner 2005b, 2006b, 2007.
2. Pettit 1997, 2001, 2002, 2005.

de ces listes. Kinch Hoekstra et Noel Malcolm ont assisté à mes conférences à Oxford, y ont réagi en me prodiguant des conseils détaillés et par la suite ont épluché les brouillons de mon manuscrit avec une précision et une profondeur d'érudition extraordinaires. L'autre nom dont je voudrais faire une mention particulière est celui de Susan James, à laquelle je dois plus qu'aucun de mes mots n'est capable de le dire.

Je dois aussi exprimer ma gratitude envers les propriétaires et gardiens des manuscrits que j'ai consultés. Mes remerciements chaleureux vont à l'équipe de la Salle de lecture des manuscrits de la British Library et de la Bibliothèque nationale ; au Master and Fellows de St John's College d'Oxford, avec des remerciements spéciaux à Ruth Ogden ; et au duc de Devonshire et à l'équipe de la bibliothèque de Chatsworth, avec des remerciements spéciaux à Peter Day et, plus récemment, à Andrew Peppitt et Stuart Band de m'avoir fourni une assistance si courtoise et experte.

Je suis également très en dette envers l'équipe des réserves des livres rares dans lesquelles j'ai travaillé, par-dessus tout à la British Library et à la Cambridge University Library. Je suis cependant frappé de devoir constater que je suis devenu ces derniers temps un visiteur bien moins assidu de ces trésors que je ne le fus naguère. Ce changement dans mes habitudes est entièrement dû à l'accès au site en ligne des Early English Books, une base de données à laquelle toute personne qui étudie en histoire des débuts de l'époque moderne est immensément redevable – et cela ne fait que commencer. C'est aussi le moment de rendre hommage à l'*Oxford Dictionary of National Biography*, que j'ai également consulté en ligne et qui m'a servi d'autorité pour la plus grande partie des informations biographiques que j'ai fournies.

Je dois un mot de remerciement, du fond du cœur, aux experts des départements de la photographie de la British Library, du British Museum et de la Cambridge University Library. Ils ont tous répondu à mes nombreuses questions et requêtes avec une patience et un empressement sans faille. Mes remerciements pleins de gratitude vont aussi à chacune de ces institutions, pour m'avoir accordé l'autorisation de reproduire des images des collections confiées à leurs bons soins.

Je me sens non moins obligé envers les nombreuses institutions qui ont soutenu ma recherche. L'Université de Cambridge continue à offrir d'excellentes facilités de travail et une politique généreuse de congé sabbatique. La faculté d'histoire m'a permis ces trois dernières années de faire porter mes cours sur un « Sujet spécial » directement tiré de mes recherches, me permettant par là de discuter de mes découvertes avec un grand nombre d'étudiants exceptionnels. Le Wissenschaftskolleg de Berlin me donna une bourse pour l'année universitaire 2003-4, au cours de laquelle je réussis à terminer le premier jet de ce livre et plusieurs autres textes. Je suis reconnaissant à Dieter Grimm, Joachim Nettlebeck et leur Conseil consultatif d'avoir témoigné une telle foi en mes projets. Mes remerciements vont également à l'équipe du Kolleg d'avoir rendu mon séjour si heureux et si mémorable, et aussi au remarquable groupe de collègues avec lesquels j'ai eu le plaisir de pouvoir échanger des idées. Je suis particulièrement redevable à Horst Bredekamp pour nos nombreuses conversations sur les *visuelle Strategien*, et j'aimerais ajouter un mot de reconnaissance spécial à l'égard de Wolf et d'Annette Lepenies pour la gentillesse de leur accueil. Je suis aussi enchanté de renouveler ici mes remerciements à la Fondation Leverhulme, qui m'a donné une bourse de recherche senior de trois ans en 2001 et a financé mon séjour à Berlin. Ma gratitude profonde va aux Administrateurs non seulement pour leur munificence, mais aussi pour le temps qu'ils m'ont offert, un don qui me paraît chaque année devenir plus précieux.

Comme toujours, j'ai reçu une assistance exemplaire des Cambridge University Press. Jeremy Mynott a discuté avec moi à maintes reprises de mon projet, et je n'ai cessé de profiter de ses conseils infaillibles. Je dois beaucoup à Richard Fisher, qui, je ne sais comment, a trouvé du temps au milieu de ses lourdes responsabilités de Directeur exécutif pour être mon éditeur. Il a lu ma dernière mouture, m'a fourni des conseils extrêmement utiles et a suivi tout le processus de la publication avec enthousiasme, allégresse et efficacité, trois qualités que j'en suis venu avec les années à considérer comme allant presque de soi (mais j'espère ne pas en avoir abusé). Je suis aussi extrêmement reconnaissant à Alison Powell d'avoir dirigé la production de mon livre avec tant de promptitude, et à Frances Nugent d'avoir fait la préparation de copie avec le même œil miraculeusement vigilant que les fois précédentes. Bien des mercis aussi à Felicity Green pour son aide sur les épreuves. Devant le si grand nombre de bonnes fées qui se sont penchées sur mon livre, je puis seulement ajouter (faisant écho à Hobbes) que quoique certaines erreurs sans aucun doute demeurent, « je ne puis en découvrir aucune, et j'espère qu'il en ait peu[3] ».

---

3. Hobbes, « Préface à la traduction de la *Guerre du Péloponnèse* de Thucydide », in *Hérésie et histoire*, Introductions, traduction, notes, glossaires et index par Franck Lessay, Paris, Vrin, 1993, pp. 117-161, ici p. 136.

Notes sur le texte

Bibliographie. Elle se borne à fournir la liste des sources citées ou mentionnées dans l'ouvrage ; les lecteurs qui auraient besoin d'un guide complet sur la littérature récente consacrée à la philosophie de Hobbes ont intérêt à consulter le « Bulletin Hobbes » publié chaque année par les *Archives de philosophie*. Dans la bibliographie des sources primaires imprimées, les ouvrages anonymes sont rangés par ordre alphabétique du titre. Si un ouvrage a été publié de façon anonyme, mais que le nom de son auteur est connu, je mets le nom entre crochets.

    Noms et titres de la littérature classique. Je me réfère aux auteurs grecs et romains par leur nom simple, c'est-à-dire leur appellation la plus familière, à la fois dans le texte et dans les bibliographies. Je translittère les titres grecs, mais tous les autres sont donnés dans la forme originale.

    Dates. Par fidélité à mes sources, j'utilise la version anglaise du calendrier julien (« ancien style ») selon lequel l'année commençait le 25 mars. Là où cela risque de prêter à confusion, j'ajoute les dates « nouveau style » entre crochets.

    Genre. J'essaye de maintenir une langue neutre quant au genre autant que possible. Mais il est parfois évident que, quand les auteurs sur lesquels je travaille disent « il », ils *ne* veulent *pas* dire « il ou elle », et dans ces cas, je me suis senti obligé de suivre leur usage pour éviter d'altérer le sens qu'ils recherchent.

Références. Je suis généralement le système auteur-date, à une exception près. Quand je cite des sources primaires qu'il est impossible d'attribuer à un auteur (par exemple des débats parlementaires), je m'y réfère en donnant le nom de leurs éditeurs modernes, mais je les classe dans la bibliographie des sources primaires imprimées. La bibliographie des sources secondaires donne toutes les références aux revues avec des chiffres arabes ; toutes les références dans les notes de bas de page aux chapitres et aux sections de livre sont données dans le même style.

NdT : La traductrice tient à remercier Luc Foisneau pour sa disponibilité, ses conseils bibliographiques précis et avisés, et son aide patiente dans l'interprétation de certains concepts.

1.

Préliminaire :
les débuts humanistes de Hobbes

Quand Thomas Hobbes mourut le 4 décembre 1679, il ne lui manquait que quatre mois pour achever sa quatre-vingt-douzième année[1]. Que ce serait-il passé s'il était mort à la moitié de cet âge, et donc au milieu des années 1630 ? D'une part, il aurait déjà dépassé de presque dix ans l'espérance de vie moyenne de ses contemporains nés comme lui en 1588[2]. Mais surtout, la postérité n'aurait pas retenu de lui le souvenir d'un philosophe politique[3]. Ce fut seulement à la fin des années 1630 que, comme il nous le dit dans la préface du *De cive*, il

____

1. Je tire l'essentiel des informations biographiques sur Hobbes de Skinner 1996. Mais voir aussi Schuhmann 1998 et Malcolm 2002, pp. 1-26. Pour une présentation particulièrement distinguée des premières années de Hobbes, voir Malcolm 2007a, pp. 2-15. Je me suis aussi servi des deux autobiographies de Hobbes. Tricaud 1985, pp. 280-281 a montré que Hobbes avait esquissé sa *vita* en prose dans les années 1650, lui donnant sa forme ultime très peu de temps avant sa mort. Hobbes lui-même nous dit (Hobbes 1839b, p. xcix, ligne 375) qu'il composa la version plus longue de sa *vita* en vers à l'âge de quatre-vingt-quatre ans, c'est-à-dire en 1672. Édition française : *Hobbes, vies d'un philosophe*, texte établi et traduit par Jean Terrel, Rennes, Presses universitaires de Rennes, 2008, p. 177. Le manuscrit Chatsworth de la *vita* en vers (Hobbes MS A. 6) contient un grand nombre de corrections qui ne sont pas prises en compte ni consignées dans l'édition Molesworth du texte.
2. Wrigley et Schofield 1981, pp. 230, 528.
3. Je soutiens que Hobbes n'est pas l'auteur des *Discourses* inclus dans les *Horæ Subsecivæ*, qui parut anonymement en 1620. Pour les questions complexes qui entourent l'attribution de ces textes, voir Skinner 2002a, vol. 3, pp. 45-46 ; Malcolm 2007a, p. 7 et note.

se sentit contraint et forcé par l'imminence de la guerre civile de réunir les arguments invoqués dans les féroces controverses qui déchiraient alors les esprits sur les droits du souverain et les devoirs des sujets[4]. Avant cette date, ses centres d'intérêt et ses travaux intellectuels étaient davantage ceux d'un érudit nourri de la culture littéraire humaniste de la Renaissance – ce que Hobbes avait largement été.

De John Aubrey, le premier biographe de Hobbes, nous apprenons que Hobbes reçut enfant une éducation des plus classiques. Il eut pour professeur un jeune homme du nom de Robert Latimer, qu'Aubrey nous décrit comme un « bon helléniste », qui venait d'avoir sa licence à Oxford[5]. Hobbes demeura l'élève de Latimer entre sa huitième et sa quatorzième année, effectuant sous sa férule les six ans d'études normalement requis pour compléter le programme scolaire attendu d'un lycéen à l'époque élisabéthaine[6]. À la fin de cette période, ajoute Aubrey, Hobbes avait « si bien profité de cet enseignement » que « c'est en garçon d'une bonne instruction scolaire qu'il partit pour Magdalen Hall, à Oxford » au début de 1603, avant même d'avoir atteint sa quinzième année[7]. C'était un âge exceptionnellement jeune pour s'inscrire à l'université, mais il est clair que Hobbes maîtrisait alors les connaissances essentiellement linguistiques exigées pour y accéder. Avant d'aller à Oxford, nous dit Aubrey, Hobbes commit une traduction en vers latins de la *Médée* d'Euripide, qu'il offrit à son maître d'école comme cadeau d'adieu[8].

Plus tard dans sa vie, Hobbes aimait à parler de ses années à Oxford comme d'une expérience à peine plus profitable que ne

---

4. Hobbes 1983, Préface 19, p. 82.

5. Aubrey 1898, vol. 1, pp. 328, 329. Voir aussi : « Vie de Thomas Hobbes », contenue dans *De cive ou les Fondements de la politique*, trad. de Samuel Sorbière, présentation par Raymond Polin, Paris, Sirey, 1981, p. 6.

6. D'où ce nom de *Sixth Form* par lequel on désigne habituellement la classe la plus haute. Sur les programmes des lycées plus petits, voir Baldwin 1944, vol. 1, pp. 429-435.

7. Aubrey 1898, vol. 1, p. 328. Voir aussi « Vie de Thomas Hobbes », contenue dans *De cive ou les Fondements de la politique, op. cit.*, p. 6.

8. *Ibid.*, p. 328-329.

l'aurait été une franche interruption de ses recherches intellectuelles sérieuses. Il nous dit dans son autobiographie en vers qu'il était obligé de perdre son temps à écouter des cours sur la logique scolastique et la physique aristotélicienne, dont la plupart, ajoute-t-il sur son ton le plus moqueur, dépassait largement ce que son entendement pouvait saisir[9]. À consulter cependant les règlements en vigueur à l'époque où Hobbes était étudiant, force est de constater que ses souvenirs sont plus une parodie du programme auquel il fut soumis. En vertu de la réforme humaniste introduite en 1564-1565, il dut passer deux trimestres à lire de la littérature latine, dont Horace, Virgile et Cicéron, suivis par quatre trimestres de rhétorique, dans lesquels les textes au menu incluaient les discours de Cicéron et la *Rhétorique* d'Aristote[10]. L'obligation d'assister à des cours publics à l'université s'ajouta à cet apprentissage, et il entendait des cours supplémentaires sur la rhétorique (Cicéron et Quintilien), ainsi que sur la littérature antique (dont Homère et Euripide) et sur la philosophie (dont la *République* de Platon et l'*Éthique* d'Aristote)[11]. En fait, de son temps, le programme était, à Oxford, basé dans une large mesure sur les cinq éléments canoniques des *studia humanitatis* de la Renaissance : l'étude de la grammaire, la rhétorique, la poésie, l'histoire classique et la philosophie morale[12].

Après avoir obtenu sa licence en 1608, Hobbes entra presque immédiatement au service du baron Cavendish de Hardwick Hall dans le Derbyshire. Lord Cavendish, qui devint en 1618 le premier comte du Devonshire, engagea Hobbes en qualité de précepteur pour son fils aîné, qui devait hériter de son titre de comte en 1626. À cette date, Hobbes occupait auprès du deuxième comte la fonction de secrétaire, et il s'était installé dans le paisible mode de vie du savant[13]. Il nous informe dans

---

9. *Hobbes, vies d'un philosophe*, texte établi et traduit par Jean Terrel, Rennes, Presses universitaires de Rennes, 2008, p. 137.
10. Gibson 1931, p. 378.
11. *Ibid.*, pp. 344, 390.
12. Sur la composition de ce programme, l'étude classique demeure Kristeller 1961, en particulier pp. 92-119.
13. Hobbes se présente lui-même dans la page de titre de Hobbes 1629 (Figure 1) comme *« Secretary to ye late Earle of Devonshire »* [« secrétaire du dernier comte du Devonshire »].

son autobiographie en vers que son précédent élève « au cours de ces années, [lui] procura des loisirs et des livres/De tout genre pour [s]es études, en abondance[14] ». Un catalogue de la bibliothèque de Hardwick, rédigé de la main même de Hobbes à la fin des années 1620[15], montre qu'il eut accès à tout l'éventail du savoir humaniste en vogue, en plus des textes majeurs de l'Antiquité grecque et latine, et de plusieurs centaines de volumes de ce que Hobbes devait vilipender plus tard comme les divinités de l'école[16]. Le catalogue inclut des ouvrages de poésie – Pétrarque, l'Arioste et le Tasse[17] –, d'histoire – Guichardin, Machiavel et Raleigh[18] – et de théorie morale de la Renaissance aussi capitaux que l'*Utopia* de More, les *Adagia* d'Érasme, le *Cortegiano* de Castiglione, les *Essays* de Bacon, la *Civile conversazione* de Guazzo et bien d'autres œuvres encore[19].

Quand, dans les années 1620, ses propres centres d'intérêt commencèrent à s'éveiller, Hobbes se consacra d'abord aux trois éléments centraux des *studia humanitatis* : la rhétorique, la poésie et l'histoire classique. Sa principale réalisation, en rhétorique, fut la traduction en latin du traité qu'Aristote avait dédié au sujet, dont une version anglaise, anonyme, parut en 1637 sous le titre de *A Briefe of the Art of Rhetorique* (*Une note sur l'art de la*

---

14. *Hobbes, vies d'un philosophe, op. cit.*, p. 138-139 ; ici ce sont les vers 75-76 :
    Ille per hoc tempus mihi præbuit otia, libros
    Omnimodos studiis præbuit ille meis.
Cf. Hobbes MS A6, dans lequel le second « *præbuit* » est remplacé par « *suppeditatque* ». Aubrey 1898, vol. 1, pp. 337-338 rappelle un propos de Hobbes : « *that at his lord's house in the countrey there was a good library* » [« que chez son seigneur, à la campagne, il y avait une bonne bibliothèque »]. Voir « Vie de Thomas Hobbes », art. cité, p. 10.
15. Hobbes MS E. 1. A. Pour la datation, voir Hamilton 1978, p. 446 ; Beal 1987, p. 573 ; Malcolm 2002, p. 143. Malcolm 2007a, p. 16n. a établi que le catalogue était pour l'essentiel achevé en 1628 (malgré quelques additions tardives, puisqu'elles datent du milieu des années 1630).
16. Hobbes, *Léviathan, op. cit.*, pp. 681, 692. Le catalogue Hardwick comporte 143 pages, dont les pages 1 à 54 sont entièrement consacrées aux « Libri Theologici ».
17. Hobbes MS E. 1. A, pp. 123, 134, 136.
18. *Ibid.*, pp. 80, 83, 96, 107, 129.
19. *Ibid.*, pp. 61, 69-70, 77, 83-84, 97, 126.

rhétorique)[20]. Sa plus belle réussite de poète prit la forme du *De Mirabilibus Pecci*[21], une épopée de quelque cinq cents hexamètres latins qu'il fit publier environ à la même date, quoiqu'il en eût achevé la rédaction une dizaine d'années auparavant[22]. Mais c'est en matière d'histoire classique qu'il fit sa contribution la plus mémorable aux disciplines humanistes. Au début des années 1620, il se lança dans une traduction complète de l'histoire de Thucydide, qu'il publia en 1629 sous le titre *Eight Bookes of the Peloponnesian Warre (Huit Livres de la Guerre du Péloponnèse)*[23]. L'édition en fut splendide ; et, de l'avis même de Hobbes, les experts accueillirent l'ouvrage « avec quelque louange[24] ».

Ces deux livres lui donnèrent également l'occasion d'apporter une contribution notable à l'étude de la grammaire, le premier et fondamental élément des *studia humanitatis*. Sous l'expression d'*ars grammatica*, les humanistes entendaient la capacité à lire et à imiter le latin et le grec classiques. L'importance culturelle primordiale qu'ils reconnaissaient à ces talents explique mieux pourquoi l'art de la traduction bénéficiait d'un prestige si extraordinairement élevé durant la Renaissance. Hobbes, qui avait maîtrisé cet art dans

---

20. Robertson 1886 p. 29 fut le premier à identifier comme le livre de dictée du troisième comte le volume, aujourd'hui à Chatsworth, contenant la version latine de la *Rhétorique* d'Aristote traduite en anglais et publiée sous ce titre de *Briefe* en 1637. Voir Hobbes MS D.1 ; cf. Harwood 1986, pp. 1-2 et Malcolm 1994, p. 815. La version latine est de Hobbes, mais Karl Schuhmann a établi que la traduction anglaise ne l'est pas. (Tous les détails se trouveront dans l'édition de Schumann, à paraître, dans l'édition Clarendon des œuvres de Hobbes.) La première édition de la traduction anglaise n'est pas datée, mais Arber 1875-94, vol. 4, p. 372 a montré qu'elle a été inscrite dans le « Registre de la Compagnie des Libraires de Londres » le 1er février 1636 (1637 nouveau style).

21. Hobbes 1845a. Le manuscrit Chatsworth (Hobbes MS A. 1), une copie de scribe de deux mains inconnues, comporte un grand nombre d'additions qui ne sont pas incluses dans l'édition Molesworth du texte.

22. Wood 1691-2, vol. 2, p. 479 affirme que cette œuvre a été « imprimée à *Lond* en 1636 ». Pour plus d'informations sur la date de composition, voir Malcolm 2007a, pp. 10-11.

23. Hobbes 1629. Quoique Arber 1875-94, vol. 3, p. 161 ait montré que Henry Seile, l'éditeur, avait enregistré le livre dans le registre de la papeterie le 18 mars 1628 (1629 selon le nouveau calendrier), il semble qu'il était déjà achevé depuis quelque temps. Hobbes nous dit qu'il le garda longtemps par devers lui *(« lay long by me »)* avant de se décider à le publier. Voir Hobbes 1843a, p. ix, et pour plus d'informations sur la date de composition, voir Malcolm 2007a, pp. 11-12.

24. *Hobbes, vies d'un philosophe, op. cit.*, p. 172 : *« cum nonnulla laude »*.

sa prime jeunesse, démontrait, avec sa *Rhétorique*, son habilité à traduire du grec en latin et, avec sa version de Thucydide, le talent encore bien plus utile de traduire directement du grec en anglais. Pendant les années 1620, il mena également à bien une difficile traduction du latin en anglais[25], élaborant une version manuscrite d'un traité sur la « raison d'État » publié en 1626 sous le titre *Altera secretissima instructio*[26]. Sans disposer d'aucune traduction précédente à laquelle se référer, Hobbes se montra pleinement capable de produire une interprétation exacte d'un texte tacitéen dense et ampoulé[27].

La traduction, par Hobbes, de Thucydide, révèle d'une manière nouvelle et plus frappante encore qu'il était un fidèle disciple des pratiques littéraires humanistes. Son édition est précédée d'un frontispice emblématique spectaculaire, qui s'interprète clairement comme la tentative de représenter certains des principaux thèmes du récit de Thucydide. Au moment où Hobbes travaillait à son Thucydide, son souci de marier le mot et l'image rejoignait une préoccupation profonde de la culture humaniste, laquelle doit beaucoup à l'influence de l'affirmation fondamentale de Quintilien selon laquelle le moyen le plus efficace pour émouvoir et persuader une audience sera toujours de fournir à ses membres une *imago* ou image de ce que l'orateur veut fixer dans les esprits[28]. Quintilien s'était surtout intéressé au concept d'image verbale, et donc au pouvoir de persuasion inhérent aux figures du discours – les tropes. Mais de là à affirmer que des images visuelles pouvaient être en mesure d'exercer un effet encore plus puissant, il n'y avait qu'un pas, qui ne tarderait pas à être franchi. Comme Franciscus Junius le formula dans son traité de 1638, *The Painting of the Ancients*, s'il est vrai qu'un orateur éloquent et un peintre talentueux pouvaient l'un et l'autre prétendre « avoir une force cachée pour émouvoir et

---

25. Nous devons cette découverte à Noel Malcolm, qui a publié une édition de la traduction de Hobbes avec une élucidation définitive de sa provenance in Malcolm 2007a.

26. Pour la page de titre, voir Malcolm 2007a, p. 124 ; pour des arguments en faveur de la date de 1627 pour l'élaboration de la traduction, voir p. 17. Le livre est une pièce de propagande anonyme en faveur de la cause Habsbourg pendant la guerre de Trente Ans.

27. Malcolm 2007a, p. 24, souligne que son style est « presque une parodie de Tacite ».

28. Quintilien, *Institution oratoire*, t. IV, texte établi et traduit par Jean Cousin, Paris, Les Belles Lettres, 1977, p. 32. Pour une discussion, voir Skinner 1996, pp. 182-188.

solliciter notre esprit », les images visuelles ont un si fort impact que « dans les faits », elles « y parviendront toujours davantage »[29].

Il en découle très logiquement que le moyen le plus efficace pour retenir l'attention des gens sera de faire appel en même temps à leurs yeux et à leurs oreilles. L'imprégnation de cette croyance à son tour permet d'expliquer l'irrésistible essor d'un nouveau genre littéraire : les *emblemata* ou livres d'emblèmes, dont la popularité est immense à la toute fin du XVIe siècle[30]. Cet engouement s'enracine dans l'ouvrage fondateur du jurisconsulte humaniste italien André Alciat dont les *Emblemata* parurent à Augsbourg en 1531. Le texte d'Alciat connut de nombreuses réimpressions, et une version latine définitive fut éditée à Lyon en 1550, l'année de sa mort[31]. La technique d'Alciat, consistant à juxtaposer des images édifiantes et quelques vers pour les expliquer, suscita d'emblée en France le plus grand enthousiasme et fut aussitôt reprise. Le pionnier fut ici Guillaume de la Perrière, dont le *Theatre des bons engins* parut en 1540, suivi par le jurisconsulte humaniste Pierre Coustau, dont *Le Pegme de pierre* de 1560 fut le premier recueil à inclure des « narrations philosophiques » de sorte que les images soient éclairées d'une explication plus exhaustive[32]. Puis Georgette de Montenay introduisit une innovation supplémentaire dans ses très âprement calvinistes *Emblemes* de 1567[33], le premier ouvrage de ce type à être illustré avec des gravures en taille-douce plutôt qu'avec la technique de la gravure sur bois, plus simple, utilisée jusque-là. Pour autant, l'importance de la tradition italienne ne connut pas d'éclipse et orienta le genre vers l'expression d'une pen-

---

29. Junius 1638, p. 55. Sur cet « oculocentrisme » de la culture humaniste de la Renaissance, voir Clark 2007, en particulier pp. 9-14.

30. L'information qui suit est en partie empruntée au guide que l'Université de Glasgow a mis en ligne pour éclairer sa collection Stirling Maxwell de livres d'emblèmes. Pour des références à l'apparition du genre et la connaissance que Hobbes en avait, voir aussi Farneti 2001.

31. C'est cette édition de 1550 que j'utilise en fait, tout en me référant parfois aussi à Alciat 1621, où le texte est réimprimé avec des commentaires. Pour une version moderne de l'édition de 1550, avec traductions et notes, voir Alciat 1996.

32. Cette caractéristique est absente de la version originale de l'ouvrage de 1555 ; elle apparaît seulement dans l'édition française de 1560, que j'utilise donc.

33. Montenay 1571. L'édition que j'utilise, passait jusque très récemment pour être la première, mais pour une datation plus ancienne, voir Adams 2003, p. 10.

sée morale, politique et religieuse. Le *Symbolicarum Quæstionum* d'Achille Bocchi fut publié en 1555 et à nouveau en 1574[34] ; et c'est en 1593 que parut à Rome l'un des plus influents de tous ces ouvrages, l'*Iconologia* de Cesare Ripa, qui connut sept autres éditions italiennes dans la première moitié du xviie siècle[35]. On peut dire que le genre débarqua en Angleterre en 1586, date à laquelle Geffrey Whitney, s'inspirant fortement d'Alciat, publia son *Choice of Emblemes*[36], qui fut suivi dans les premières décennies du nouveau siècle par d'autres publications analogues, dues à Henry Peacham, Francis Quarles, George Wither et à d'autres.

Le catalogue de la bibliothèque de Hardwick montre que Hobbes avait accès à un certain nombre d'ouvrages bien connus qui illustraient ce genre en plein essor, et il y a de nombreuses convergences à observer entre les *topoi* souvent traités dans les livres d'emblèmes et quelques-unes de ses thématiques les plus constantes. La bibliothèque de Hardwick contient un exemplaire des *Emblemata* d'Antoine de La Faye (1610)[37], ainsi que des *Emblemas Morales* de Sebastián de Covarrubias, publiés cette même année à Madrid[38]. Le catalogue comporte aussi un article *Thesaurus Politicus*[39], ce qui fait peut-être référence au beau livre d'emblèmes produit par Daniel Meisner en 1623, dont le titre entier était *Thesaurus Philo-Politicus*, dans lequel les messages moraux trouvaient à s'incarner dans une série de gravures des villes européennes[40].

C'est à la fin du xvie siècle que les premiers signes d'une nouvelle évolution de l'utilisation des *emblemata* se firent jour en Angleterre. On y vit de fait apparaître pour la première fois le phénomène qui sera plus tard connu sous le nom de « *comely fron-*

---

34. J'utilise l'édition Bocchi 1574. Sur la place de Bocchi dans l'histoire des livres d'emblèmes, voir Watson 1993.

35. J'utilise l'édition Ripa 1611 ; une version fac-similée a été publiée en 1976.

36. Whitney 1586. Whitney utilise plus de quatre-vingts des emblèmes d'Alciat. Pour sa dette envers la tradition continentale, voir Manning 1988.

37. La Faye 1610. Mais en l'occurrence, quoique le livre soit un recueil d'épigrammes latines dans le style caractéristique d'un livre d'emblèmes, elles ne sont pas illustrées.

38. Hobbes MS E. 1. A, pp. 71, 80.

39. Hobbes MS E. 1. A, p. 115.

40. Meisner 1623. Mais la référence du catalogue renvoie peut-être à la traduction latine du *Tesoro politico* de Comino Ventura (1602).

tispiece » (« frontispice élégant ou raffiné »)[41], et il est important de souligner cette circonstance frappante que certaines des images les plus impressionnantes furent dessinées pour accompagner les textes grecs et latins majeurs dont la publication commença durant cette période. Nous en trouvons un exemple précoce dans la version des *Vies* de Plutarque, due à Thomas North, où un emblème est intégré sur la page de titre[42]. Un frontispice emblématique plus complexe orne la traduction de Tite-Live par Philemon Holland (1600)[43], un autre sa traduction de Suétone en 1606[44] et encore un autre, d'une complexité bien plus grande, la traduction de Sénèque par Thomas Lodge (1620)[45].

La bibliothèque de Hardwick contenait tous ces livres[46], ainsi qu'un grand nombre d'ouvrages contemporains dont les frontispices emblématiques élaborés retiennent l'attention, à commencer par l'*Advancement of Learning (Du progrès et de la promotion des savoirs)* de Francis Bacon et l'*Anatomy of Melancholy (Anatomie de la mélancolie)* de Robert Burton[47]. Quand Hobbes rehaussa sa traduction de Thucydide d'un frontispice non moins élaboré, il s'insérait donc dans une tradition humaniste bien établie d'éloquence visuelle[48]. Il n'avait pas non plus tardé à reprendre à son compte

41. Selon la datation approximative que suggèrent Corbett et Lightbown 1979, p. 34.

42. Plutarque 1579, page de titre ; l'emblème montre l'ancre de la foi.

43. Tite-Live 1600, page de titre ; l'emblème inclut les échelles de justice, et la lettre gravée commente que ce sont les moyens *« quibus respublica conservetur »*, « par lesquels est sauvegardée la république ». Pour une utilisation antérieure du même motif, voir Sambucus 1566, p. 97.

44. Suétone 1606. L'emblème montre un guerrier à cheval perçant de sa lance un prisonnier prostré et est accompagné des mots *« sic aliena »* : « voilà comment [nous traitons] les étrangers ».

45. Lodge 1620, page de titre. La traduction de Lodge connut une première édition en 1614, mais sans la page de titre emblématique.

46. Hobbes MS E. 1. A, p. 93 (Tite-Live) ; p. 103 (Plutarque) ; p. 109 (Sénèque) ; p. 111 (Suétone). Mais il est possible qu'il s'agisse de la première édition (1614) de la traduction de Sénèque, celle qui était dépourvue du frontispice.

47. Hobbes MS E. 1. A, p. 61 (Bacon) ; p. 63 (Burton).

48. En plus de ce frontispice emblématique, Hobbes utilise quatre autres illustrations pour éclairer la pensée de Thucydide. La première est une carte imprimée sur une planche dépliante qu'il dessine lui-même et où il situe les noms des lieux mentionnés dans le texte (sig. c, 4) ; la deuxième est une image de la flotte athénienne en ordre de bataille (entre les pp. 214-215) ; la troisième est une carte de la Sicile antique (entre les pp. 348-349) ; la quatrième est une image de Syracuse assiégée par les Athéniens (entre les pp. 404-405).

les derniers développements des livres d'emblèmes, puisqu'il saisit l'occasion pour souligner, dans leur style éprouvé, la morale présumée du récit de Thucydide. Si nous observons le frontispice *(figure 1)*, nous remarquons que nous sommes encouragés à le lire verticalement aussi bien qu'horizontalement, puisque nous pouvons en même temps contempler, sur un axe, la confrontation entre Archidamos et Périclès, les deux chefs d'État lorsqu'éclata la guerre du Péloponnèse, et réfléchir, sur l'autre, à leurs deux méthodes de pouvoir opposées. Sous la figure d'Archidamos, nous voyons les *Aristoi* de Sparte en train de délibérer activement avec leur roi ; sous la figure de Périclès, nous voyons le peuple d'Athènes écouter passivement (ou pour certains ne pas écouter) une harangue. Dans les démocraties, comme Hobbes devait l'expliquer plus tard dans les *Éléments de la loi naturelle et politique*, « il n'y a aucun moyen, d'aucune façon, de délibérer et de donner conseil sur ce qu'il faut faire », de telle sorte qu'« une démocratie, en fait, n'est rien de plus qu'une aristocratie d'orateurs, interrompue parfois par la monarchie temporaire d'un seul orateur »[49].

Les travaux ultérieurs de Hobbes sur la « philosophie civile » révèlent un enthousiasme non moins marqué pour la représentation visuelle de ses idées politiques. Cela est remarquable en soi, car nous cherchons en vain un intérêt comparable chez les autres théoriciens politiques majeurs de son temps : Bodin n'offre rien qui ressemble à un sommaire emblématique de sa pensée ; Vázquez, Suarez, Althusius ou Grotius ne le font pas davantage. Hobbes, en revanche, nous présente deux autres frontispices emblématiques d'une fascinante complexité : le premier dans son *De cive* de 1642,

---

49. *Éléments de la loi naturelle et politique*, trad., intro., notes, dossier et index par Dominique Weber, Paris, LGF, 2003, II, 2, 5, pp. 243-244. Pour les citations des *Éléments* – du *De cive* –, je donne les références par chapitre, paragraphe et page. Quoique le manuscrit Chatsworth des *Éléments* et le manuscrit B. L. Harl sur lesquels se fonde l'édition de Tönnies recommencent l'un comme l'autre la numérotation des chapitres après le chapitre 19, j'ai préféré (pour éviter toute confusion) numéroter les chapitres en continu. Mais l'édition française des *Éléments*, choisie sous le contrôle de l'auteur, recommence la numérotation pour la 2ᵉ partie, si bien que le chapitre 21 de Skinner correspond au 2ᵉ chapitre de la 2ᵉ partie chez Weber. J'indique cette répartition différente avant le numéro de page de la traduction ; par ailleurs, j'ai modifié la traduction parfois pour uniformiser le vocabulaire avec celui du *Léviathan* dont j'ai privilégié la traduction par Fr. Tricaud *(NdT)*.

ΕΝΔΟΞΟΤΑΤΗ ΛΑΚΕΔΑΙΜΩΝ
ΕΛΛΑΣ
ΕΛΛΑΔΟΣ ΕΛΛΑΣ ΑΘΗΝΑΙ
ΑΡΧΙΔΑΜΟΣ
ΠΕΡΙΚΛΗΣ
Eight Bookes
Of the
PELOPONNESIAN WARRE
Written by
THVCYDIDES the sonne of OLORVS
Interpreted
with Faith and Diligence
Immediately out of the Greeke
By Thomas Hobbes
Secretary to ye late Earle of Deuonshire.
LONDON
Imprinted for Hen: Seile, and are to be sold
at the Tigres Head in Pauls Churchyard.
1 6 2 9
ΘΟΥΚΥΔΙΔΗΣ
ΚΤΗΜΑ ΕΣ ΑΕΙ
ΟΙ ΑΡΙΣΤΟΙ
ΟΙ ΠΟΛΛΟΙ

Figure 1

avec, entre autres, une représentation de *Libertas*, et le second dans son *Léviathan* de 1651, qui se signale par sa tentative de représenter la *persona ficta* de l'État. Aucune interprétation des théories de la liberté et de l'obligation de Hobbes ne peut se permettre de négliger ces traductions visuelles de sa pensée, et je reviendrai vers elles pour les examiner au moment opportun.

Aussitôt après la parution, en 1629, de sa traduction de Thucydide, les centres d'intérêt intellectuels de Hobbes commencèrent à se déplacer et changèrent progressivement du tout au tout, puisqu'il enfouit presque totalement ses préoccupations humanistes de la période précédente[50]. Mais, même à ce stade, il ne se tourna pas immédiatement vers les problèmes de la philosophie politique. Tout en servant de précepteur au troisième comte du Devonshire au début des années 1630, il joua un rôle de plus en plus actif dans les expériences scientifiques réalisées par les cousins du comte, sir Charles Cavendish et son frère aîné, le comte de Newcastle[51]. La fascination de Hobbes pour les sciences naturelles s'intensifia entre 1634 et 1636, quand il accompagna le jeune comte dans son Grand Tour de France et d'Italie. Pendant leur séjour à Paris en 1634, Hobbes fit la connaissance de Marin Mersenne qu'il devait décrire plus tard dans son autobiographie en vers comme celui « autour [duquel] tournait comme autour d'un axe/Chaque étoile de la science, chacune sur son orbite[52] ». « En communiquant chaque jour ses pensées au révérend père Marin Mersenne », se souvient Hobbes, il se sentit encouragé dans l'étude des lois de la physique et, surtout, dans celle du phénomène du mouvement[53] : « Mais moi, à tout instant, je pense à la nature des choses,/Que je sois transporté par un navire, une calèche ou un

---

50. Mais pas entièrement : pour des preuves de la poursuite de ses préoccupations humanistes, voir Skinner 1996 et Hoekstra 2006a.

51. Tuck 1989, pp. 11-13 ; Malcolm 1994, pp. 802-803, 813-814.

52. *Hobbes, Vies d'un philosophe, op. cit.*, p. 148-149 ; ici ce sont les vers 183-184 :
    Circa Mersennum convertebatur ut axem
    Unumquodque artis sidus in orbe suo.

53. *Hobbes, vies d'un philosophe, op. cit.*, p. 173. Hobbes vécut à Paris pendant au moins un an entre 1634 et 1635. Voir Lettres 12 à 16, in Hobbes 1994, vol. 1, pp. 22-30. Sur l'importance de ce séjour pour son évolution philosophique, voir Brandt 1928, pp. 149-160.

cheval./Et il m'apparaît qu'il n'y a dans le monde entier qu'une seule chose/Vraie même si elle est falsifiée de multiples maniè-res[54]. » Cette réalité toute simple, persévéra-t-il ultérieurement, n'est rien d'autre que le mouvement, « si bien que pour apprendre la physique/On doit d'abord avoir bien étudié ce que peut être le mouvement[55] ».

Ces découvertes permirent à leur tour à Hobbes d'arriver à ce qu'il considéra comme son intuition fondamentale : que tout l'univers du mouvement, et donc « toute espèce de philosophie », consiste en seulement trois éléments : *Corpus, Homo, Civis* (le corps, l'homme et le citoyen)[56]. Tels étaient donc les objets d'étude, explique-t-il, dans lesquels il décida de se plonger, en commen-çant par « la variété des mouvements », passant aux « mouvements à l'intérieur des hommes, à ce qui est caché dans leurs cœurs », et en terminant par les « bienfaits de l'État et de la justice »[57]. Une fois ce cadre posé, « à ces sujets je décide de consacrer trois livres ;/Et j'en rassemble pour moi la matière chaque jour[58] ».

Ce fut pourtant à ce moment que Hobbes ressentit la néces-sité d'abandonner son grand projet et de se concentrer sur ce qui aurait dû en être l'ultime section, l'étude du gouvernement et de la justice. Il donne la plus complète explication de ce changement

---

54. *Hobbes, vies d'un philosophe*, p. 142-143 ; ici ce sont les vers 113-116.
　　Ast ego perpetuo naturam cogito rerum,
　　Seu rate, seu curru, sive ferebar equo.
　　Et mihi visa quidem est toto res unica mundo
　　Vera, licet multis falsificata modis.
55. *Ibid.* ; ici ce sont les vers 123-125 :
　　Hinc est quod, physicam quisquis vult discere, motus
　　Quid possit, debet perdidicisse prius.
56. *Ibid.*, p. 144-145 ; ici ce sont les vers 143-144.
　　Nam philosophandi
　　Corpus, Homo Civis continet omne genus.
57. *Ibid.* ; ici ce sont les vers 139-142 :
　　Motibus a variis feror ad rerum variorum
　　Dissimiles species, materiæque dolos ;
　　Motusque internos hominum, cordisque latebras :
　　Denique ad imperii iustitiæque bona.
58. *Hobbes, vies d'un philosophe, op. cit.*, p. 144-145 ; ici ce sont les vers 145-146 :
　　Tres super his rebus statuo conscribere libros ;
　　Materiemque mihi congero quoque die.

de direction dans la Préface qu'il ajouta à son *De cive,* quand il le republia en 1647 :

> J'avais déjà rassemblé les premiers Éléments de philosophie, les avais organisés en trois Sections et commençai peu à peu à rédiger quand il arriva entre-temps que ma patrie, quelques années avant que la guerre civile ne s'enflammât, se mit à bouillonner de questions portant sur le droit de la souveraineté et le devoir d'obéissance des citoyens – autant d'avant-coureurs de la guerre à venir. Ce fut la cause pour laquelle j'ai hâté et terminé la troisième partie de mon système, remettant à plus tard les deux autres. C'est pourquoi il s'est fait que la dernière selon l'ordre a paru cependant la première dans le temps[59].

La version originelle de l'ouvrage auquel Hobbes se réfère ici était les *Éléments de la loi naturelle et politique (Elements of Law, Naturall and Politique*[60]*),* dont il acheva le manuscrit au plus tôt en mai 1640[61]. Il dédia les *Éléments* au comte de Newcastle, exprimant l'espoir dans son Épître liminaire que Newcastle pourrait être en mesure de porter le livre à l'attention de « ceux que la matière qu'il contient concerne de très près » – incluant sans doute le roi lui-même[62]. Les *Éléments* demeurèrent impubliés pendant dix ans, mais Hobbes nous assure que « bien qu'il ne fût pas imprimé, il eut

---

59. Hobbes 1983, Préface, 18-19, p. 82 : « *Elementa prima [Philosophiæ] congerebam, & in tres Sectiones digesta paulatim conscribebam… accidit interea patriam meam, ante annos aliquot quam bellum civile exardesceret, quæstionibus de iure Imperii, & debita civium obedientia belli propinqui præcursoribus fervescere. Id quod partis huius tertiæ, cæteris dilatis, maturandæ absolvendæque causa fuit. Itaque factum est ut quæ ordine ultima esset, tempore tamen prior prodierit.* » (Les traductions du *De cive* latin ne reposent, de la volonté de Quentin Skinner, sur aucune version française préexistante, *NdT.*)

60. Telle est la forme sous laquelle le titre apparaît in B. L. Harl. MS 4235.

61. Hobbes, *Éléments de la loi naturelle et politique*, traduction, introduction, notes, dossier et index par Dominique Weber, Paris, LGF, 2003, p. 79. Tönnies 1969, pp. v-viii fut le premier à comprendre que ce fut le livre que Hobbes acheva et fit circuler en 1640. Comme les remarques de Hobbes dans la Préface du *De cive* semblent l'impliquer, et comme Baumgold 2004 pp. 31-33 l'a souligné, il semble qu'une bonne part du texte ait été esquissée avant 1640.

62. Hobbes, *Éléments de la loi naturelle et politique, op. cit.,* pp. 78-79.

de nombreux lecteurs » dès 1640[63]. Ce « petit traité en anglais », comme il l'appela, renfermait son examen de « bien des aspects du pouvoir royal » dont il jugeait qu'ils étaient « nécessaires à la paix du royaume »[64]. C'est à la description de la théorie politique qui en ressort que nous consacrerons le chapitre suivant.

---

63. Hobbes 1840b, p. 414. « M. Hobbes considéré dans sa loyauté, sa religion, sa réputation et ses mœurs », in *Hérésie et histoire*, introduction, traduction, notes, glossaires et index par Franck Lessay, Paris, Vrin, 1993, pp. 89-114, ici p. 90. Pour des preuves de la circulation du manuscrit dans les années 1640, voir Malcolm 2002, p. 96 et notes.
64. Hobbes 1840b, p. 414. « M. Hobbes considéré dans sa loyauté, sa religion, sa réputation et ses mœurs », art. cité, pp. 89-114, ici p. 90.

2.

Éléments de la loi naturelle et politique : description de la liberté

I.

Les *Éléments de la loi naturelle et politique* de Hobbes s'articulent en deux parties ; et, lors de leur première publication, en 1650, ils parurent sous la forme de deux traités séparés[1]. Les treize premiers chapitres sortirent de presse en février 1650 sous le titre *Humane Nature* [Nature humaine][2] : Hobbes y expose « la nature entière de l'homme, consistant dans les puissances naturelles de son corps et de son esprit[3] ». Le reste du texte vit le jour trois mois plus tard[4] : le *De corpore politico*, puisque c'est le nom qu'il porte, considère comment des hommes dotés de ces pouvoirs peuvent espérer atteindre « une sécurité suffisante pour leur paix commune[5] ».

Dans l'Épître liminaire qu'il lui adresse, Hobbes informe le comte de Newcastle que le livre porte entièrement sur « la loi et la politique[6] ». Cependant, il souligne, non sans anxiété, qu'en abor-

---

1. Il n'est cependant pas sûr que Hobbes ait autorisé dans un premier temps cette manipulation éditoriale.
2. Hobbes 1650a. Il est indiqué, sur la page de titre de la copie de Thomason (British Library), « ffeb. 2 ».
3. Hobbes, *Éléments de la loi naturelle et politique, op. cit.*, I, 14, 1, p. 177.
4. Hobbes 1650b. est indiqué, sur la page de titre de la copie de Thomason (British Library), « May 4 ».
5. Hobbes, *Éléments de la loi naturelle et politique, op. cit.*, I, 19, 6, p. 222.
6. *Ibid.*, p. 78.

dant ces thèmes il ne renonce pas du tout à ses préoccupations scientifiques. Comme il l'explique, il y a deux sortes de corps que la science se doit d'explorer : d'un côté, les corps naturels, dont le comportement peut être compris par « la comparaison des figures et du mouvement[7] » ; de l'autre, les corps politiques, dont les mouvements ne sont pas moins susceptibles d'être réduits « à des règles et à l'infaillibilité de la raison[8] ». Le nom correct pour désigner l'étude de ces corps, ajoute-t-il ultérieurement, est « politique » ou « philosophie civile »[9] ; et ce n'est pas sans audace qu'il revendique un statut scientifique pour sa propre contribution à cette discipline, et cela dès le titre de son livre, qui fait clairement allusion au célèbre traité d'Euclide, que Henry Billingsley avait traduit en 1571 sous le titre *The Elements of Geometrie*[10].

Cette ambition se lit dans la méthode qu'il adopte pour étudier les lois gouvernant les corps politiques, puisqu'il commence par donner les définitions des termes clefs impliqués, puis il en déduit les conséquences. Ce faisant, pense-t-il, il est possible « de poser premièrement pour fondation des principes tels que la passion, n'ayant pas de méfiance, ne peut pas chercher à les ébranler[11] ». Prenant acte de sa préférence pour cette stratégie[12], on est surpris de constater qu'il ne fait aucun effort pour la mettre en œuvre quand il en vient à examiner le concept de liberté, pourtant central. Au lieu de nous fournir une définition formelle du concept, ce qu'il ne fait nulle part, il procède tout autrement : il commence par distinguer deux situations dans lesquelles cela a un sens, à ses yeux, de parler de liberté humaine, puis il illustre de façon fort détaillée les caractéristiques de la liberté que chacune implique. Il nous faut maintenant examiner la manière précise dont il aborde la question.

---

7. *Ibid.*, p. 77.

8. *Ibid.*, p. 78.

9. Voir la table exposant systématiquement les « différents objets de connaissance », in Hobbes, *Léviathan*, *op. cit.*, p. 81.

10. Euclide 1571. La Préface est signée (sig. A, iiii^v) « 9 février 1570 » [1571 selon le nouveau calendrier].

11. Hobbes, *Éléments de la loi naturelle et politique, op. cit.*, p. 78.

12. Un point souligné par Baumgold 2004, pp. 25-27.

II.

Hobbes instruit sa première discussion sur la liberté humaine à la fin de la section qu'il consacre aux pouvoirs de l'esprit humain[13]. Avant d'accomplir une action quelle qu'elle soit, explique-t-il, nous devons posséder la « liberté de faire ou de ne pas faire » l'action en question[14]. Le processus au terme duquel nous prenons la décision d'accomplir une action peut donc être analysé dans les termes d'un « retrait de notre liberté propre[15] ». Aussi Hobbes décrit-il ce processus en tant qu'acte par lequel nous nous *dé-libérons* : c'est pourquoi l'on parle de délibération. Quand nous mettons en délibération s'il faut ou non accomplir une action qui est en notre pouvoir, nous procédons à une mise en alternance de nos appétits, qui nous poussent à agir, et de nos craintes, qui nous retiennent de donner suite. Quand finalement nous choisissons de faire ou de nous abstenir, nous arrivons à une volonté déterminée, car « dans la délibération, le dernier appétit, comme aussi la dernière crainte, est appelé VOLONTÉ, c'est-à-dire le dernier appétit veut faire, la dernière crainte ne veut pas faire ou veut omettre[16] ».

Cette analyse a une conséquence contre-intuitive, que Hobbes tient à mettre en évidence. Pour la découvrir, il n'est que de considérer les situations dans lesquelles, comme il le dit, nous faisons l'expérience de la difficulté de choisir, ce qui recouvre deux types de circonstances, soit que nous nous sentions obligés d'agir ou de nous abstenir, soit que nous sentions que nous agissons sous la contrainte. Il prend pour exemple d'un de ces coups du sort un cas qui devait être familier à la plupart de ses premiers lecteurs, en partie parce que Aristote en avait discuté au livre III de l'*Éthique à Nicomaque* (1110a) et en partie parce qu'il avait été retenu et illustré par un grand nombre d'auteurs de livres d'emblèmes. Ce cas implique un

---

13. James 1997, pp. 269-284 propose une analyse de la conception de Hobbes de l'étiologie de l'action à laquelle je dois beaucoup.
14. Hobbes, *Éléments de la loi naturelle et politique, op. cit.*, I, 12, 1, p. 165.
15. *Ibid.*
16. *Ibid.* (traduction modifiée).

homme qui, selon les termes de Hobbes, «jette ses biens hors d'un navire dans la mer afin de sauver sa personne[17]».

Ce dilemme se trouve justement représenté dans les *Symbolorum et emblematum centuriæ tres* de Joachim Camerarius, parues en 1619[18]. Il est difficile d'imaginer que l'image n'ait pas retenu l'attention des lecteurs de Hobbes, étant donné qu'elle montre un navire grevé d'une lourde cargaison poursuivi par un monstre marin (un Léviathan) *(figure 2)*. Pour Camerarius, il n'y a guère de doute sur ce qu'il faut faire dans une telle situation d'urgence, et la lettre gravée le déclare comme il se doit : «Pour mettre hors de danger ta personne, ton navire et tes compagnons, jette toutes tes richesses à la mer[19].» Pour Hobbes en revanche, comme pour Aristote, une question supplémentaire se pose, à savoir si, en suivant ce conseil, nous agissons ou non selon notre volonté. L'*Éthique* d'Aristote était disponible en anglais depuis 1547, date à laquelle John Wilkinson en publia un compendium[20] ; et, dans sa version abrégée, Wilkinson fait dire à Aristote qu'un homme qui accomplit une telle action le fera «en partie de par sa volonté et en partie sans que cela soit conforme à sa volonté[21]». La conclusion contre-intuitive de Hobbes consiste à déclarer tout de go que le comportement de l'homme «n'est pas plus contre sa volonté que fuir le danger n'est contre la volonté de celui qui ne voit aucun autre moyen pour se préserver[22]». Quoiqu'il agisse indubitablement sous la contrainte, son action n'en est pas moins le produit de sa volonté et doit donc être classée comme «tout à fait volontaire[23]».

Il est vrai que, si nous nous tournons vers les sections politiques des *Éléments*, et en particulier vers les analyses que Hobbes fait des différentes méthodes pour établir des corps politiques, nous tom-

---

17. *Ibid.*, p. 166.
18. Sur Camerarius, voir Farneti 2001, pp. 370-371 et les références.
19. Camerarius 1605, Part 4, f° 3 : «*Ut te ipsum & navim serves, comitesque peric[u]li/In pontum cunctas abiice divitias.*»
20. Wilkinson fit sa traduction de l'*Éthique* à partir de la version de Brunetto Latini, qui était elle-même une traduction due à Hermannus Alemannus à partir d'un résumé arabe.
21. Aristote 1547, sig. C, 5^r.
22. Hobbes, *Éléments de la loi naturelle et politique, op. cit.*, I, 12, 3, p. 166.
23. *Ibid.*

Figure 2

bons sur une argumentation très différente. Quand, au chapitre 22, Hobbes introduit la discussion de ce qu'il appelle la souveraineté « d'acquisition[24] », il semble contredire son affirmation précédente selon laquelle, quand nous agissons sous la contrainte, nous n'en agissons pas moins selon notre volonté. Il marque maintenant une distinction forte entre une « offre volontaire de sujétion » d'un côté et la « cession par contrainte », de l'autre[25]. Cela paraît pourtant être une inadvertance ; car, dans son traitement des conventions au chapitre 15, il reprend sa précédente interprétation de l'acte

---

24. *Ibid.*, II, 3, 1, p. 251 ; cf. 23.10, p. 135 ; *ibid.*, II, 4, 10, p. 262.
25. *Ibid.*, II, 3, 2, p. 252.

volontaire, la plus développée des deux, et la martèle avec quelque insistance[26]. Quand nous passons convention par crainte, explique-t-il maintenant, nous suivons exactement le même processus de délibération que quand nous agissons du fait d'une passion plus positive, telle que la convoitise. Dans le premier cas, nous agissons sous le coup de notre dernière aversion ; dans le second, du fait de notre dernier appétit. Dans les deux situations, notre comportement exprime également notre volonté, qui est simplement un autre nom pour désigner notre choix ultime et déterminant. Il n'y a donc « aucune raison en vertu de laquelle ce que nous faisons sous l'emprise de la crainte serait moins ferme que ce que nous faisons par convoitise[27] ». La proposition initiale de Hobbes que les actions accomplies sous la contrainte sont « tout à fait volontaires » est réaffirmée sans aucune ambiguïté.

Bien que l'analyse hobbesienne de la délibération soit à la fois simple et solide, on peut considérer qu'elle jette sur le thème de la liberté d'action plus de perplexité qu'elle n'en résout. Quand nous délibérons, selon Hobbes, nous acquérons la volonté d'accomplir une action dont nous croyons qu'elle est en notre pouvoir. Mais que se passe-t-il si nous découvrons, après mûre délibération, que, bien que nous ayons la volonté d'accomplir une action, nous ne disposons pas du pouvoir de le faire? Cela revient-il ou non au fait de découvrir que nous ne sommes finalement pas libres d'accomplir l'action? En d'autres termes, quelle relation y a-t-il entre posséder la liberté d'action et posséder le pouvoir d'agir? Sur cette question, Hobbes n'a, dans les *Éléments*, rien à dire.

Un second problème surgit en étroite relation avec l'idée d'agir librement. Hobbes le formule au chapitre 12 et le répète au chapitre 15 : quand nous agissons par force ou sous la contrainte, nous n'en agissons pas moins selon notre volonté. Cela revient-il au même que d'agir librement? Quand il procède, au chapitre 23, à l'étude des conventions qui permettent d'instituer les corps politiques, il répond par la négative, faisant une distinction sans équivoque entre

---

26. Pour une discussion plus approfondie de ce point crucial, voir Sommerville 1992, pp. 181-182.

27. Hobbes, *Éléments de la loi naturelle et politique, op. cit.*, I, 15, 13, p. 190.

agir « sous la contrainte » et agir « librement »[28]. Mais comment nous faut-il comprendre cette nouvelle opposition ? Les *Éléments* ne donnent nulle part une réponse explicite à cette question, et jamais Hobbes ne clarifie cette distinction présumée ; pire encore, il n'y revient plus dans aucun passage ultérieur de son texte.

Pour conclure, si l'on peut dire de l'analyse de Hobbes qu'elle laisse dans l'ombre et sans explication un grand nombre de détails, il nous présente néanmoins deux hypothèses fortes sur l'étiologie de l'action. Les deux sont exposées comme si elles coulaient de source, et Hobbes prend clairement du plaisir à cet effet rhétorique. Mais il est d'autant plus important de rappeler que les deux principales doctrines auxquelles il est acquis alimentaient à l'époque des controverses intenses. Ensemble elles constituent l'une de ses ruptures les plus révolutionnaires par rapport à ses contemporains.

Selon la première doctrine défendue par Hobbes, la volonté n'est rien d'autre que le nom du dernier appétit ou de la dernière crainte qui fait mettre un terme à la délibération. Il réfute par là implicitement toute l'interprétation scolastique de la volonté comme une des facultés permanentes de l'âme humaine, la faculté qui nous permet de vouloir librement et, partant, d'agir librement[29]. Il fut rudement rappelé à l'orthodoxie quand John Bramhall, l'évêque anglican de Derry, s'en prit violemment à sa théorie de la délibération dans sa *Defence of True Liberty (Défense de la vraie liberté)*, publiée en 1655. Une des plus énormes confusions de Hobbes, lui reproche Bramhall, est qu'« il confond la volonté comme faculté avec l'acte de vouloir[30] ». Dès lors qu'il se concentre sur le pur acte de vouloir, Hobbes ne peut reconnaître que toutes les volitions naissent « de la faculté ou du pouvoir de vouloir, qui se trouve dans l'âme ». Il lui est donc impossible de se rendre compte que le « pouvoir de l'âme raisonnable » a quant à lui son origine en Dieu, « qui a créé et ins-

---

28. *Ibid.*, II, 4, 9, p. 261.

29. Pour cette conception, en particulier telle qu'elle est formulée par Suarez, voir Pink 2004, pp. 127-144. Sur les relations entre la position de Hobbes et les attaques de la Réforme contre la philosophie scolastique, voir Damrosch 1979. Sur Hobbes critique de l'héritage scolastique, voir Foisneau 2000, pp. 359-394.

30. Bramhall in Hobbes, *Les Questions concernant la liberté, la nécessité et le hasard*, introduction, notes, glossaires et index par Luc Foisneau, traduction par Luc Foisneau et Florence Perronin, Paris, Vrin, 1999, p. 342.

piré l'âme de l'homme et l'a dotée de ce pouvoir »[31]. À la pointe de l'attaque de Bramhall portée contre Hobbes se trouve l'accusation non pas de commettre une erreur philosophique, mais de nourrir des croyances athées.

Hobbes répondit l'année suivante en publiant les *Questions Concerning Liberty, Necessity and Chance (Les Questions concernant la liberté, la nécessité et le hasard)*[32]. Alors que l'accusation d'athéisme lancée par Bramhall le met dans une rage telle qu'il la condamne comme offensante et dangereuse pour la paix civile[33], il ne se laisse pas du tout démonter par le haut niveau d'érudition que son adversaire met en œuvre pour défendre la cause scolastique. S'il est vrai, assure-t-il à Bramhall de son ton le plus ironique, que « j'ai confondu la *volonté* comme *faculté* avec l'*acte* de *vouloir* », alors « j'ai dû beaucoup m'éloigner de mes propres principes », dont l'un établit que le principe d'une faculté de la volonté ne fait aucun sens et qu'il n'existe rien de tel[34]. Quand nous parlons de la volonté, il est exclu que nous nous référions à quoi que ce soit d'autre qu'à un acte de volition spécifique, parce qu'il est impossible pour qui que ce soit de « vouloir autre chose que telle ou telle chose particulière[35] ».

La seconde doctrine clef de Hobbes est que l'action découle toujours des passions, qui toutes prennent la forme soit d'appétits qui nous conduisent à agir, soit d'aversions qui nous retiennent de le faire. Il conclut que « les premiers commencements inaperçus de nos actions[36] » doivent donc résider entièrement dans le domaine de ces affects. Par ces affirmations, il réfute implicitement un consensus encore plus large en son temps sur la nature de l'action libre. S'il y avait bien un présupposé philosophique que ses contemporains n'auraient pas même imaginé remettre en question, c'était bien celui selon lequel des agents authentiquement libres

---

31. *Ibid.*, p. 353.

32. Pour des discussions sur la réponse de Hobbes à Bramhall, voir Overhoff 2000, pp. 129-176 ; Pink 2004, pp. 144-150.

33. Hobbes, *Les Questions concernant la liberté, la nécessité et le hasard, op. cit.*, p. 48 et 66.

34. *Ibid.*, p. 344.

35. *Ibid.*, p. 357.

36. Hobbes, *Éléments de la loi naturelle et politique, op. cit.*, I, 12, 1, p. 164.

sont invariablement poussés à agir par la raison, par opposition à la passion ou à l'appétit. Agir sous le coup de la passion, ce n'est pas agir en homme libre, voire en homme dans l'absolu ; de telles actions ne sont pas une expression de la véritable liberté, mais de pure licence ou de bestialité.

Ces croyances étaient gravées dans le marbre de la philosophie des Écoles, comme Hobbes fut bien forcé de se le rappeler quand Bramhall les réaffirma dans sa *Defence of True Liberty*. « Un acte libre », réplique Bramhall, « est seulement celui qui procède du choix libre de la volonté rationnelle »[37]. Il s'ensuit que ceux qui agissent sous le coup de la passion « n'agissent pas librement[38] ». « Et là où il n'y a ni considération ni usage de la raison, il n'y a absolument aucune liberté[39]. » Ceux qui s'abandonnent à leurs appétits n'exercent qu'une « liberté semblable à celle qui existe chez les animaux », s'engageant dans des « mouvements animaux », par opposition à des actions libres, lesquelles au contraire ne peuvent procéder que de la raison et donc de la « vraie liberté »[40].

À l'époque de Hobbes, ces affirmations imprègnent profondément la culture humaniste de la Renaissance. Il semble que, plus que par Aristote, les humanistes aient été inspirés par Platon dont le *Timée* exerçait d'évidence une influence décisive. Érasme avait inclus une paraphrase du *Timée* dans son *Enchiridion militis christiani* de 1501 ; et la traduction en anglais de cet ouvrage en 1533 fit pénétrer une conception platonicienne de la liberté et de la raison dans le courant principal de la pensée humaniste anglaise. Érasme explique comment Platon, « par l'inspiration de Dieu », fut conduit à parler dans le *Timée* des deux âmes de l'homme : l'une gouvernée par la raison ou l'esprit, et l'autre par les affections ou la chair[41]. Un homme gouverné par ses affections, avec « la liberté de faire ce qui lui plaît[42] », ne saurait être dit véritablement libre ; si sa raison « le conduit là où

---

37. Bramhall in Hobbes, *Les Questions concernant la liberté, la nécessité et le hasard, op. cit.*, p. 357. Cf. aussi p. 82.
38. *Ibid.*, p. 119. Cf. aussi p. 276.
39. *Ibid.*, pp. 276, 124.
40. *Ibid*, p. 82.
41. Érasme 1533, sig. D, 3ʳ. Édition française contemporaine : « par une inspiration d'en haut », p. 111.
42. *Ibid.*, sig. C, 7ʳ.

ses envies ou son cœur l'appellent», il vit dans «une servitude certaine et assurée»[43]. La morale qu'en tire Érasme est que, s'il est, pour de telles personnes, question de «recouvrer leur liberté», elles doivent agir à la lumière de la raison plutôt que se plier elles-mêmes à devenir les esclaves de leurs désirs[44]. Les dispositions et les désirs de notre cœur doivent être réfrénés de même qu'un «cheval sauvage et ruant» doit être controlé «avec des éperons acérés», permettant de «venir à bout de son caractere orgueilleux»[45].

Cette métaphore platonicienne exerça un attrait irrésistible sur les auteurs de livres d'emblèmes, qui représentent fréquemment les passions comme des chevaux sauvages pratiquement indomptables[46]. La première apparition de cette image dans un livre d'emblèmes anglais remonte à 1586, au *Choice of Emblemes* de Geffrey Whitney[47], mais on en trouve un exemple antérieur et plus frappant, dès 1560, dans *Le Pegme de pierre* de Pierre Coustau. Il nous montre un cavalier jeté à bas et sur le point d'être piétiné *(figure 3)*. La glose versifiée nous donne le sens suivant: «Tu es bien sot de monter à cheval/Ne le pouvant à ton gré manier[48]» et nous prévient qu'un destin violent attend celui «qui par raison ne peut seigneurier/Les appetis de son ame sensible[49]».

Si ceux qui cèdent à ces appétits n'agissent pas librement, comment devons-nous caractériser leur comportement? La réponse que nous pouvons trouver chez les humanistes de la période élisabéthaine ne s'écarte guère de celle des scolastiques. De telles actions, expliquent-ils à l'unisson, forment une expression non pas de la liberté, mais de la licence. Un des plus anciens textes humanistes dans lequel nous rencontrons précisément ce vocabulaire est la traduction, par sir Thomas Hoby, du *Libro del cortegiano* de Castiglione, publiée en 1561. Hobbes connaissait fort bien cet ouvrage; et, en sa qualité de précepteur du deuxième comte du Devonshire, il demanda même à

---

43. Érasme 1533, sig. E, 1[r].
44. *Ibid.*, sig. P, 7[v].
45. *Ibid.*, sig. D, 6[r].
46. Voir, par exemple, Alciat 1550, p. 63; Bocchi 1574, p. 246; Reusner 1581, p. 22; Camerarius 1605, 2e partie, f° 33; Cramer 1630, p. 65; Baudoin 1638, p. 573.
47. Whitney 1586, p. 6.
48. Coustau 1560, p. 201.
49. *Ibid.*

L'appetit obeïssante à la raison.
Selon Plato.

Tu es bien sot de monter à cheual
Ne le pouuant à ton gré manier,
Dont s'il t'a mis & ieté en ce val,
Tu as receu au fait digne loyer.
    Qui par raison ne peut seigneurier
Les appetis de son ame sensible,
Il ne peut pas à bon droit denier
Qu'il ne soit béte à tous vices passible.

Figure 3

son élève de produire une traduction latine du premier livre[50]. Si nous nous penchons sur le livre IV et, plus précisément, sur l'exposé, par lord Octavian, de l'idée de l'âme, nous voyons qu'il fait directement référence à la conception platonicienne selon laquelle elle est « divisée en deux parties, dont l'une est la raison, et l'autre l'appétit[51] ». Lord Octavian poursuit en affirmant que, dans l'organisation de la vie civique, il est vital que l'appétit soit contrôlé par la raison ; car, s'il en était autrement, le résultat ne serait pas la liberté civile, mais purement la « vie de débauche et de licence du peuple[52] ».

Circonstance plus importante encore, le traitement, par Platon lui-même, de ces questions devint disponible en anglais durant la même période. Quand la *Politique* d'Aristote parut pour la première fois en anglais en 1598, le traducteur joignit à l'analyse aristotélicienne de la manière dont les tyrannies adviennent la réponse que Platon donne à cette même question dans la *République*. Il fait dire à Socrate que les démocraties « ont trop soif de liberté », en conséquence de quoi « on y laisse faire toutes les autres choses pleines de libertés et de licence », et elles tombent d'une « liberté extrême » dans une « extrême servitude »[53].

Peu de temps après, la même distinction entre liberté et licence commença à trouver un écho chez les auteurs des livres d'emblèmes[54]. Dès 1593, nous lisons sous la plume de Jean-Jacques Boissard, dans son *Emblematum liber*, que « la véritable liberté consiste à ne pas être esclave de ses passions[55] » *(figure 4)*. Comme Boissard l'explique dans la glose qui accompagne son image, « nombreux sont ceux qui, portés à toute licence, sont esclaves de leur corps[56] ». L'homme qui est capable d'éviter ce genre de licence et qui « peut donc être

---

50. MS Hardwick 64 ; cf. Malcolm 2007a, p. 4, auquel je dois cette référence. Le catalogue de la bibliothèque de Hardwick rédigé par Hobbes à la fin des années 1620 signale des exemplaires du *Cortegiano* de Castiglione en anglais, en français, en italien et en latin. Voir Hobbes MS E. 1. A, pp. 69-70, 126.

51. Castiglione 1561, sig. Qq, 1ᵛ.

52. *Ibid.*, sig. Qq, 3ʳ.

53. Aristote 1598, 4. 10, pp. 210, 211.

54. Voir, par exemple, Bruck 1618, p. 195 (liberté opposée à licence) ; Cats 1627, p. 141 (vraie liberté associée à la sagesse).

55. Boissard 1593, p. 11 : *« Libertas vera est affectibus non servire. »*

56. *Ibid.*, p. 10 : *« multi corpore servi sunt… per omnem licentiam »*.

Figure 4

dit s'épanouir dans une authentique liberté » est « celui qui, tout en aimant le juste milieu précieux comme l'or, met prudemment en balance ses passions, d'une part, sa raison et ses attentions de l'autre »[57]. L'illustration nous montre comme il se doit, avec une *libra* ou balance à deux plateaux, un symbole de la prudence (sous la forme du serpent mentionné par saint Matthieu[58]). La morale transmise par le calembour visuel est que nous devons apprendre à garder notre équilibre ou balance *(librare)* pour nous libérer *(liberare)* des passions qui sinon nous réduiront à la servitude[59].

Pendant les années 1640, cette opposition entre licence et liberté devint le cri de ralliement de ceux qui s'inquiétaient de la tendance à la radicalisation politique en Angleterre. Nathaniel Hardy, qui ne cessa tout au long de la guerre civile de prêcher courageusement la bonne parole anglicane à Londres, en répéta très exactement les

---

57. *Ibid.* : « *Quicunque illam auream mediocritatem diligens, prudenter suos affectus librat… ratione studioque… is vera libertate frui dicendus est.* »

58. Matthieu 16.10 (selon la Vulgate) : « *estote ergo prudentes sicut serpentes* ». L'injonction fut précocement reprise par les auteurs de livres d'emblèmes. Voir, par exemple, Montenay 1571, p. 40.

59. Pour une présentation complète de cet emblémiste humaniste chrétien que fut Boissard, voir Adams 2003, pp. 155-291 ; pour une analyse de cet emblème, voir pp. 245-247.

termes devant la Chambre des lords quand il prit la parole en 1646, pour son sermon de Carême qu'il publia l'année suivante sous le titre de *The Arraignment of Licentious Libertie (La Mise en accusation de la liberté licencieuse)*. S'adressant aux pairs, « Reprenez-vous ! », les admonesta-t-il vigoureusement, car « vous ne devez pas penser que le relâchement et la licence sont les véritables fruits de la Grandeur », comme si « l'Autorité ne consistait en rien d'autre que de donner aux hommes la liberté de ce qu'ils désirent »[60]. Après le régicide de janvier 1649, ce cri fut repris par certains des principaux ministres presbytériens qui avaient soutenu le Parlement jusqu'à ce fatal événement. Quand, par exemple, Samuel Rutherford publia sa *Free Disputation* en 1649[61], un traité dans lequel il prenait pour cible les Indépendants et leurs alliés parce qu'ils prêchaient une « prétendue liberté de conscience », il annonça, dès la page de titre, que son propos s'adressait à tous ceux qui « se satisfaisaient de la Liberté sans loi, ou d'une tolérance licencieuse » en matière de foi[62].

À ce stade, l'opposition entre liberté et licence était si profondément ancrée que le refus clair et net de Hobbes de reconnaître la moindre validité à une distinction de ce genre causa stupeur et indignation. Bramhall protesta avec hargne que Hobbes n'avait aucun droit à parler de la liberté humaine et que son argumentation n'était guère qu'une éclatante manifestation de débordement licencieux[63]. Confronté à cette accusation, Hobbes ne se laissa pas décontenancer, loin de là. Il répondit à l'attaque de Bramhall dans les *Questions concernant la liberté* en tournant en ridicule la définition d'un agent libre comme un individu qui agit selon sa volonté rationnelle par opposition à sa volonté licencieuse. Étant donné que la délibération prend la forme d'un « appétit alterné et non d'une ratiocination[64] », parler de volonté rationnelle ne signifie rien[65]. Un agent libre, répète Hobbes, est simplement quelqu'un qui « peut écrire ou s'en abstenir,

---

60. Hardy 1647, p. 14.

61. Rutherford 1649. Il est indiqué, sur la page de titre de la copie de Thomason (British Library), « August 6th ».

62. *Ibid.*, page de titre.

63. Bramhall in Hobbes, *Les Questions concernant la liberté, la nécessité et le hasard, op. cit.*, pp. 82, 259.

64. *Ibid.*, p. 415.

65. *Ibid.*, p. 239.

parler ou garder le silence, selon sa volonté[66]». De plus, dire d'un tel agent qu'il agit selon sa volonté revient à dire qu'il a été poussé à agir par ses appétits, car «l'appétit et la volonté chez l'homme ou la brute» sont «la même chose»[67]. C'est avec ces observations sur la géographie de l'âme humaine, scandaleusement réductionnistes, que Hobbes conclut sa plaidoirie.

III.

Au début du chapitre 14 des *Éléments*, Hobbes annonce qu'il va traiter un nouveau thème. Jusque-là, nous rappelle-t-il, il avait exposé «la nature entière de l'homme, consistant dans les puissances naturelles de son corps et de son esprit[68]». Pour ce qui suit, il se propose d'examiner dans quelle mesure il est concevable que la possession de ces pouvoirs nous crée de l'embarras et lequel. Cela le conduit immédiatement à exposer son analyse si célèbre de l'état de nature[69] et, par suite, au second passage de son argumentation qui reconnaît une place centrale au concept de liberté. L'état de nature, explique-t-il maintenant, peut être défini comme un état de «liberté irréprochable[70]», un état dans lequel tout homme est susceptible de posséder ce que Hobbes décrit à présent comme «liberté naturelle[71]». Plein feu est mis, une nouvelle fois, sur le concept de liberté humaine.

Il importe de rendre compte ici précisément de la manière dont Hobbes introduit son sujet, ne fût-ce qu'à cause des ouvrages et articles d'un certain nombre de commentateurs récents qui ont tendance à faire comme s'il définissait la liberté naturelle comme l'absence d'obligation, et donc en termes négatifs[72]. À strictement parler, il ne

---

66. *Ibid.*, p. 81 ; cf. aussi p. 91.

67. *Ibid.*, p. 347 ; cf. aussi p. 77.

68. Hobbes, *Éléments de la loi naturelle et politique, op. cit.*, I, 14, 1, p. 177.

69. *Ibid.*, I, 14, 13, p. 182.

70. *Ibid.*, I, 14, 6, p. 179.

71. *Ibid.*, I, 14, 11, p. 180 ; cf. *ibid.*, II, 1, 5, p. 230 et II, 9, 4, p. 330.

72. Voir, par exemple, Raphael 1984, pp. 31-32 ; Pettit 2005, pp. 137, 139-140. J'ai moi-même commencé par adopter cette interprétation : voir Skinner 2006-7, p. 38. Je dois ajouter que, tout en étant en désaccord avec certaines des conclusions de Raphael et Pettit, j'ai été grandement influencé par leurs propositions.

définit jamais la liberté naturelle ; il se contente de la décrire comme une forme de liberté propre aux « hommes considérés selon la pure nature[73] ». Précisons en outre qu'il en parle généralement en des termes non pas négatifs, mais positifs, la caractérisant dans la discussion qui ouvre le chapitre 14 comme la liberté d'« user de notre puissance et de notre aptitude propres naturelles[74] » et, dans le chapitre suivant, comme la liberté qu'a chaque homme de « se gouverner lui-même par sa volonté et sa puissance propres[75] ».

À ces observations, Hobbes ajoute une thèse plus provocatrice encore quand il stipule que la liberté naturelle n'est rien d'autre que le droit naturel[76]. Sa démonstration s'enracine dans une première étape où il établit que la nécessité naturelle nous oblige à vouloir et désirer ce qui est bon pour nous et, surtout, à chercher à nous garder en vie. Tout dernièrement, un chercheur s'est mis en tête de nous persuader qu'il n'était point exact d'attribuer à Hobbes une conception de la nature humaine qui soit ainsi « centrée sur la conservation[77] ». Mais cette affirmation est difficile à concilier avec ce que le chapitre 14 des *Éléments* nous dit du caractère de l'homme. C'est à cause d'une nécessité de nature, est-il précisé dans ces pages, que les hommes sont entraînés « à vouloir et à désirer *bonum sibi*, ce qui est bien pour eux-mêmes, et à éviter ce qui est préjudiciable[78] ». De plus, parmi toutes les éventualités que notre nature nous pousse à éviter, celle qui nous inspire la plus grande aversion est « ce terrible ennemi de la nature, la mort, de laquelle nous attendons à la fois la perte de toute puissance et aussi la plus grande des douleurs corporelles accompagnant cette perte[79] ». Autrement dit, nous avons une tendance naturelle à faire tout ce qui est en notre pouvoir pour préserver nos vies.

---

73. Hobbes, *Éléments de la loi naturelle et politique, op. cit.*, I, 14, 2, p. 177 ; voir aussi *ibid.*, I, 14, 11, p. 180.

74. *Ibid.*, I, 14, 6, p. 179.

75. *Ibid.*, I, 15, 13, p. 190 ; cf. *ibid.*, II, 1, 5, p. 229.

76. *Ibid.*, I, 14, 6, p. 179. Pour une discussion de cette équivalence, voir Pacchi 1998, pp. 151-155.

77. Lloyd 1992, p. 254.

78. Hobbes, *Éléments de la loi naturelle et politique, op. cit.*, I, 14, 6, p. 178. L'argument est répété in Hobbes 1983, 1. 7, p. 94.

79. Hobbes, *Éléments de la loi naturelle et politique, op. cit.*, I, 14, 6, p. 178.

Il est cependant vrai que le principe fondamental de Hobbes n'est pas que les hommes cherchent toujours à se préserver de la mort, mais bien plutôt qu'ils ont un droit à le faire. Par là, l'auteur des *Éléments* s'approprie astucieusement la doctrine scolastique et la détourne subtilement de manière à lui faire dire que le droit naturel consiste à agir en accord avec les impératifs de la raison. Il est généralement admis, observe-t-il, que «ce qui n'est pas contre la raison» peut être défini comme «droit ou *jus*»[80]. Mais «il n'est pas contre la raison», insiste-t-il, «qu'un homme fasse tout ce qu'il peut pour préserver son propre corps et ses propres membres, à la fois de la mort et de la douleur»[81]. Par cette affirmation, il parvient à tordre tant et si bien la doctrine scolastique qu'il la fait parvenir à la conclusion saisissante que la liberté «d'user de notre puissance et de notre aptitude propres naturelles» doit donc coïncider avec notre droit naturel à préserver notre propre vie en tout temps et quelles que soient les circonstances[82].

Fort de cette conclusion, Hobbes en vient ensuite à affirmer que nous possédons aussi le droit de juger par nous-mêmes des actions spécifiques qu'il peut nous être nécessaire d'entreprendre pour tenir en respect la douleur et la mort. Réfléchissant sur ce que cela implique, il ajoute qu'il n'y a pas d'action qui ne puisse pas s'avérer utile à notre conservation un jour ou l'autre[83]. Sa conclusion finale est donc que la liberté ou le droit de nature doit comprendre le droit de faire toute chose que nous voudrons comme et quand nous le voudrons. Il formule cette conséquence pour le moins inquiétante en recourant, comme tant d'autres fois, à une expression éminemment révélatrice de son intime familiarité avec la traduction de la *Politique* d'Aristote de 1598, dont il avait un exemplaire à sa disposition dans la bibliothèque de Hardwick[84]. Son traducteur fait dire à Aristote dans le livre VI que l'un des «jetons de paiement» de la

---

80. *Ibid.*, I, 14, 6, p. 179.
81. *Ibid.*, pp. 178-179.
82. *Ibid.*, p. 179.
83. *Ibid.*, I, 14, 10, p. 180.
84. Hobbes MS E. 1. A, p. 58.

liberté est « de vivre comme les hommes le prévoient »[85]. Hobbes convient que la liberté de nature garantit à chacun un droit à « faire tout ce qu'il prévoit à qui il le prévoit[86] ».

Cette description de l'état de nature en tant qu'état de liberté légale emprunte à un des lieux communs les plus galvaudés de la littérature politique de l'époque de Hobbes. Aristote était censé avoir soutenu l'argument inverse, expliquant au livre I de la *Politique* que (selon les termes de la traduction de 1598) « certains sont par nature des esclaves aux fers » et qu'il est donc possible d'« exercer l'autorité d'un maître même par la loi de nature »[87]. Mais cette affirmation avait déjà été contestée dans l'Antiquité, surtout dans le *Digeste* de droit romain, qui mentionne que Florentinus soutint le point de vue opposé, à savoir que, quoique l'institution de l'esclavage puisse être permise par le *ius gentium*, elle n'en est pas moins « contraire à la nature[88] ». Nul n'est esclave naturellement.

À l'époque de la composition des *Éléments*, la défense, par Florentinus, de la liberté naturelle connaît un large succès. Les premiers à y souscrire sont les « monarchomaques », c'est-à-dire les théoriciens engagés dans la lutte contre la monarchie dans le cadre des guerres de Religion française et hollandaise, dont Johannes Althusius aux Pays-Bas[89], ainsi que Théodore de Bèze et l'auteur des *Vindiciæ contra tyrannos (Revendications contre les tyrans)* en France[90]. Notons – car c'est un fait encore plus remarquable dont sir Robert Filmer devait faire le constat affligé dans ses *Patriarcha* – que nous retrouvons le même argument, asséné avec autant d'éclat, chez de nombreux partisans de l'absolutisme

---

85. Aristote 1598, 6. 2, p. 340. Cf. Cicéron, *Les Devoirs*, I, XX, 70 ; éd. et trad. M. Testard (Paris, Les Belles Lettres, 1965), Tome 1, p. 139, qui dit de la *libertas* que son essence consiste à vivre comme on le désire *(sic vivere, ut velis)*, à la fois un écho d'Aristote et une réécriture influente de son argument.

86. Hobbes, *Éléments de la loi naturelle et politique, op. cit.*, I, 14, 10, p. 179.

87. Aristote 1598, 1. 4, p. 32.

88. *Digeste* 1985, 1. 5. 4, p. 15.

89. Althusius 1932, 18. 18, p. 139 décrit comment le *populus* était à l'origine libre de toute sujétion aux *imperia* ou *regna*.

90. Bèze 1970, p. 24 ; *Vindiciæ* 1579, p. 107. Il est clair que Hobbes connaissait parfaitement ces auteurs. Le *Du droit des Magistrats* de Bèze se trouvait dans la bibliothèque de Hardwick, dont le catalogue contient aussi la rubrique générale « Monarcho-machia ». Voir Hobbes MS E. 1. A, pp. 29, 127.

monarchique fleurissant à la même époque. Filmer mentionne sir John Hayward, Adam Blackwood et John Barclay, qui, tout en défendant la souveraineté absolue, n'en reconnaissent pas moins « que les hommes sont par nature égaux et libres[91] ». À cette liste, Filmer aurait pu ajouter le nom de Jean Bodin (auquel Hobbes se réfère respectueusement dans les *Éléments*[92]), dont l'analyse de la souveraineté absolue et indivisible, dans les *Six Livres de la république*, est elle aussi fondée sur la prémisse que la *liberté naturelle* est garantie à tous par Dieu[93].

L'affirmation plus spécifique de Hobbes que liberté naturelle et droit naturel seraient synonymes a parfois été attribuée à l'influence de Grotius[94], dont le *De iure belli ac pacis (Le Droit de la guerre et de la paix)* était très certainement à sa disposition dans la bibliothèque de Hardwick[95]. Mais la thèse de Grotius dans cet ouvrage est que la possession de la liberté naturelle est l'un des nombreux articles qui ensemble constituent le catalogue de nos droits naturel[96]. À l'époque de Hobbes, l'idée d'une équivalence entre *libertas* et *dominium*, et donc *ius*, avait fini par être associée principalement au jurisconsulte espagnol Fernando Vázquez[97], dont Althusius invoque l'autorité à plusieurs reprises avec une révérence bien marquée[98]. Si l'on peut désigner un auteur auquel Hobbes doit beaucoup pour sa thèse selon laquelle la liberté naturelle et le droit naturel ne sont qu'une seule et même chose, c'est sans doute Vázquez, qui développe ce point au Livre I de ses *Controversiarum libri tres*[99].

---

91. Filmer 1991, p. 3 ; trad. fr., p. 86.

92. Hobbes, *Éléments de la loi naturelle et politique, op. cit.*, II, 8, 7, pp. 318-319.

93. Bodin 1576, 1. 3, p. 14 : « Nous appellons liberté naturelle de n'etre suget, apres Dieu, à homme vivant, & ne soufrir autre commandement que de soy-mesme ». Cf. Bodin 1586, 1. 3, p. 14 sur la « *naturalis libertas* ».

94. Voir, par exemple, Tuck 1993, pp. 304-306.

95. Hobbes MS E. 1. A, p. 84.

96. Voir Brett 1997, p. 205 pour cet élément de la pensée de Grotius.

97. Vázquez de Menchaca 1931-3, 1. 17. 4-5, vol. 1, f° 321ᵛ affirme l'équivalence entre *libertas* et *dominium*, et donc que la possession de *libertas* revient à la possession du droit naturel.

98. Voir Althusius 1932, en particulier les nombreuses références dans le chap. 18, pp. 135-157.

99. C'est la position soutenue par Brett 1997, en particulier pp. 205-210, et je dois beaucoup à cette reconstruction.

Il faut cependant clairement distinguer la conception hobbesienne de notre condition naturelle de celle des penseurs de la souveraineté des générations précédentes. D'un jurisconsulte à l'autre, nous rencontrons souvent une forte adhésion à l'idée que l'homme, dans sa condition pré-politique, aurait connu un état pacifique et sociable, un état décrit parfois avec une pointe de nostalgie. Vázquez commence par réaffirmer le propos de Cicéron selon lequel «les semences naturelles de la vertu sont innées en nous» et «la nature nous pousse à mener une vie heureuse»[100]. En raison de ces dispositions vertueuses, poursuit Vázquez, les temps originels devaient se féliciter d'une liberté collective qui ne devait prendre fin que quand l'instinct de l'homme à dominer aurait rendu nécessaire de protéger le faible en établissant des régimes princiers[101]. Pour Hobbes, au contraire, c'est notre liberté naturelle qui constitue le principal obstacle nous empêchant de nous saisir de tout ce que nous voulons de la vie. Non seulement il insiste pour dire que nous retirons «peu d'usage et de bienfait[102]» de notre liberté, mais il prend même le contre-pied absolu de l'orthodoxie dominante en arguant ensuite que tout homme «qui désire vivre dans un état tel que l'état de liberté et de droit de tous sur tout se contredit lui-même[103]».

Au moment d'exposer le pourquoi et le comment de cette contradiction, Hobbes commence par rappeler que tout homme désire ce qu'il juge bon pour lui. De plus, cette inclinaison naturelle va au-delà du souhait d'«éviter ce qui est préjudiciable», car il s'agit aussi d'obtenir «les ornements et les conforts de la vie»[104]. Mais la seule façon d'acquérir ces bienfaits est de vivre à la fois dans «la paix

---

100. Vázquez de Menchaca 1931-3, vol. 1, f⁰ 8ᵛ parle de «*semina innata virtutum*» et montre comment «*nos ad beatam vitam natura perduceret*».

101. Pour la place de ce thème dans la pensée de Vázquez, voir Brett 1997, pp. 172-173, 183-185, 187-188.

102. Hobbes, *Éléments de la loi naturelle et politique, op. cit.*, I, 14, 10, p. 180.

103. *Ibid.*, I, 14, 12, p. 181. Bianca 1979, pp. 9-13, affirme par conséquent que le récit que propose ensuite Hobbes sur la manière dont nous pouvons améliorer notre condition naturelle constitue «une philosophie de la libération». Cela me semble être une interprétation à retenir, à ceci près que la libération envisagée par Hobbes se révèle exiger la restriction de notre liberté naturelle.

104. Hobbes, *Éléments de la loi naturelle et politique, op. cit.*, I, 14, 6, p. 178 ; *ibid.*, I, 14, 12, p. 181.

et la société[105] ». L'affirmation essentielle de Hobbes est donc que notre raison, fondamentalement, nous enseigne à « rechercher la paix », dès lors que notre principal désir est de jouir des ornements et des conforts « lesquels sont d'ordinaire inventés et procurés par la paix et la société »[106]. Le problème auquel nous sommes cependant confrontés est que, si la paix est notre besoin fondamental, la guerre est notre destin naturel. Aussi longtemps qu'il y a un « droit de tout homme à toutes choses », il est évident que l'« état des hommes selon cette liberté » ne peut être que l'« état de guerre »[107]. Comme il conclut dans sa formule la plus célèbre, notre condition originelle est donc une guerre de tous contre tous, une condition d'hostilité sans fin dans laquelle la « nature elle-même est détruite[108] ».

Hobbes s'engage ici dans un assaut frontal contre le présupposé dominant, hérité d'Aristote, selon lequel, pour reprendre les termes mêmes de la traduction de 1598, « l'homme est par nature une créature sociable et civile[109] ». Mais comment se fait-il que la nature nous voue à une hostilité persistante ? Il nous est facile de concevoir la réponse, poursuit Hobbes, si nous acceptons d'adjoindre deux corollaires fatals à son diagnostic de base selon lequel notre état naturel est un état ou tout le monde a un droit à tout. Le premier est que « les appétits de plusieurs hommes les portent à une seule et même fin, laquelle fin ne peut parfois être jouie en commun ni être divisée[110] ». En d'autres termes, il y a de fortes chances pour que nous nous trouvions en concurrence pour les mêmes ressources, quand elles sont en quantité limitée. L'autre problème est que ces rivalités sont destinées à prendre place dans des conditions d'égalité. Nous avons beau rechigner à accepter cette vérité, il n'en reste pas moins qu'il y a « peu de supériorité » « quant à la force ou quant à la connaissance entre les hommes d'âge mûr »[111]. Tel est l'ensem-

---

105. *Ibid.*, I, 14, 12, p. 181.
106. *Ibid.*, I, 14, 14, p. 182 ; I, 14, 12, p. 181.
107. *Ibid.*, I, 14, 11, p. 180.
108. *Ibid.*, I, 14, 11-12, pp. 180-181 (12 pour la citation). Sur l'état de nature, voir Bianca 1979, pp. 27-71 et, pour la discussion la plus exhaustive et la plus instructive, Hoekstra 1998, pp. 8-97.
109. Aristote 1598, 1. 2, p. 11.
110. Hobbes, *Éléments de la loi naturelle et politique, op. cit.*, I, 14, 5, p. 178.
111. *Ibid.*, I, 14, 2, p. 177.

ble des raisons qui mènent inévitablement à une guerre sans fin dans laquelle « un homme envahit avec droit et un autre avec droit résiste[112] ». Le paradoxe désespéré sur lequel se fonde la théorie politique de Hobbes est que le plus grand ennemi de la nature humaine est la nature humaine elle-même.

Cette description, par Hobbes, du dilemme inhérent à notre nature débouche sur la question centrale de sa théorie de l'État. Nous désirons tous la paix, mais nous ne pouvons jamais espérer l'atteindre si ce n'est en renonçant à notre liberté naturelle. Comment donc cette liberté peut-elle être effectivement rognée ou (comme Hobbes aime à l'exprimer) « entravée par des obstacles naturels[113] » ? La réponse est déjà évidente dans sa formulation générale. Étant donné que notre condition naturelle se caractérise par le fait que nous possédons l'intégralité de notre liberté et étant donné que cette liberté naturelle consiste pour nous en le droit d'agir entièrement selon notre volonté et notre pouvoir, il s'ensuit qu'elle peut nous être confisquée de deux manières différentes : soit nous pouvons perdre la capacité d'agir selon notre volonté et notre pouvoir, soit nous pouvons perdre le droit de le faire.

Si nous nous demandons d'abord comment il peut se faire que nous perdions la capacité idoine, la réponse de Hobbes est que c'est précisément le danger qui nous menace en permanence dans l'état de nature. Nous risquons constamment d'être attaqués par des assaillants résolus à détruire notre pouvoir de préserver notre vie[114]. Ces ennemis « tenteront de [nous] soumettre » « par les forces »[115] ; et, par l'affirmation qu'il n'existe pas de pouvoir supérieur, Hobbes entend qu'« aucun homme n'a la puissance suffisante pour assurer lui-même par ces moyens sa propre préservation sur une longue durée » contre de tels adversaires[116]. Quoique nous ayons, dans l'état de nature, le droit de faire tout ce que nous voulons, nous sommes très loin d'avoir le pouvoir d'exercer pleinement cette liberté naturelle.

---

112. *Ibid.*, I, 14, 11, p. 180.
113. Voir *ibid.*, II, 9, 4, p. 330 et II, 10, 5, p. 338. Voir aussi *ibid.*, II, 3, 3, p. 252 (nous traduisons *impediment* parfois par « obstacle », parfois par « opposition »).
114. *Ibid.*, I, 14, 2, p. 177.
115. *Ibid.*, I, 14, 3, p. 178 ; *ibid.*, I, 14, 4, p. 178.
116. *Ibid.*, I, 14, 14, p. 182.

À cette analyse, Hobbes ajoute plus loin que la manière la plus radicale que nous ayons de perdre la capacité d'exercer notre liberté naturelle est d'être « pris au temps des guerres » et réduits en esclavage[117]. Un esclave, selon la définition étroite et restrictive tout à fait caractéristique de Hobbes, est une des deux catégories de serviteurs. Les esclaves sont des serviteurs dépourvus de liberté naturelle, et cela parce qu'ils ont été « retenus enchaînés ou entravés d'une autre façon par des obstacles naturels à leur résistance[118] ». Si la liberté de mouvement est accordée aux esclaves et si, par là, ils « ont permission d'aller en liberté », alors selon Hobbes il ne faut plus les classer comme des esclaves, mais plutôt comme des serviteurs[119]. Seuls les serviteurs qui sont « retenus attachés dans des liens naturels, tels que des chaînes ou d'autres liens semblables, ou retenus en prison » peuvent être à proprement parler rangés dans la catégorie d'esclaves[120]. Un esclave peut donc être défini comme quelqu'un qui a perdu sa liberté naturelle parce qu'étant physiquement entravé « par des chaînes ou par quelque autre moyen semblable de le garder en vue par la force », il ne peut pratiquement plus agir d'aucune façon selon sa volonté et son pouvoir[121].

Il est important d'attirer l'attention sur ce passage où Hobbes explique que l'asservissement ôte la liberté, ne fût-ce qu'à cause de l'opinion aujourd'hui dominante selon laquelle Hobbes définissait la liberté naturelle comme absence d'obligation[122]. Les esclaves se voient indubitablement confisquer leur liberté d'agir comme bon leur semble, mais ce n'est pas parce qu'ils se sont engagés dans l'obligation d'agir selon la volonté d'autrui. Bien au contraire, l'esclave, selon Hobbes, n'a aucune obligation de ce genre. Il demeure, par rapport à son maître, dans un état de nature et donc dans un état de guerre. Parce qu'il n'a pas fait de convention pour renoncer à son droit de nature, « il reste par conséquent au serviteur ainsi

---

117. *Ibid.*, II, 3, 3, p. 252.
118. *Ibid.*, p. 253.
119. *Ibid.*, p. 252.
120. *Ibid.*, p. 252.
121. *Ibid.*, II, 3, 3, p. 253.
122. Pettit 2005, p. 137 met tout particulièrement l'accent sur l'idée que la « liberté naturelle » dans les *Elements* « se réfère clairement et uniquement à la liberté en tant que non-obligation ». Voir aussi Brett 1997, pp. 209-216.

retenu attaché ou ainsi retenu en prison un droit de se délivrer, s'il le peut, par n'importe quel moyen », y compris en tuant son maître s'il y parvient[123]. La raison pour laquelle les esclaves sont néanmoins privés de leur liberté naturelle, du moins dans une très grande mesure, est que celle-ci ne consiste pas uniquement dans le fait d'avoir la liberté de délibérer, mais s'étend à la liberté d'agir, après délibération, en fonction de sa délibération, une liberté qui est presque entièrement confisquée aux esclaves quand ils sont physiquement enchaînés ou liés.

L'autre manière de voir s'achever notre liberté naturelle consiste à perdre non pas la capacité, mais le droit d'agir selon notre volonté et notre pouvoir. C'est ce qui se passe quand nous choisissons de limiter notre propre liberté en passant une convention qui prohibe son exercice. Une convention, comme Hobbes l'explique dans le chapitre 15, est un type spécifique de contrat ou de transfert de droit dans lequel une des parties, plutôt que d'exécuter immédiatement les termes de l'agrément, fait la promesse – à laquelle il est cru sur parole – de transférer son droit à une date ultérieure[124]. Un tel agrément a pour effet de limiter la liberté naturelle de qui passe convention, car sa liberté d'agir selon sa volonté et selon son pouvoir est maintenant restreinte par sa promesse d'agir en accord avec les termes de la convention. Comme Hobbes le résume :

> Par conséquent, les promesses, à partir de la considération d'un bienfait réciproque, sont les conventions et les signes de la volonté et du dernier acte de la délibération, par lesquels la liberté d'exécuter ou de ne pas exécuter est enlevée. Et ces promesses sont en conséquence obligatoires. En effet, là où la liberté cesse, là commence l'obligation[125].

On admet que la dernière phrase de Hobbes contient une inadvertance qu'il répète dans le *De cive*[126] et ne corrige qu'au chapitre 14 du *Léviathan*. Comme il le fait remarquer dans le passage

---

123. Hobbes, *Éléments de la loi naturelle et politique, op. cit.*, II, 3, 3, p. 252.
124. *Ibid.*, I, 15, 8-9, p. 187.
125. *Ibid.*, I, 15, 9, pp. 187-188.
126. Hobbes 1983, 2. 10, p. 102 : « *ubi enim libertas desinit, ibi incipit obligatio* ».

ci-dessus, la liberté de l'homme d'exécuter ou de ne pas exécuter lui est ôtée aussitôt qu'il acquiert la volonté de passer une convention. Mais comme Hobbes en vint plus tard à le reconnaître, l'*obligation* de l'homme ne naît qu'à l'instant où il transmet son droit en s'engageant effectivement par contrat[127]. Cela ne tient pas, à la différence de l'argument inverse de Hobbes, qui est souligné un peu plus bas, dans le chapitre 20 des *Éléments* : à savoir que, si nous considérons le même homme « en dehors de toutes les conventions qui sont obligatoires pour les autres hommes », alors il est indubitablement « libre de faire et de ne pas faire quelque chose. Et il délibère aussi longtemps qu'il prévoit de le faire »[128].

Hobbes tient clairement à mettre l'accent sur le fait que la perte de liberté qu'il décrit n'est pas le résultat de notre pure décision d'agir d'une manière particulière. Si cela dépendait de ce que nous avons fait, alors il nous resterait loisible de nous engager dans un nouveau processus de délibération et peut-être de changer d'avis. Comme Hobbes l'observe au chapitre 15, « celui qui dit pour le temps à venir, comme par exemple "demain, je donnerai", déclare évidemment qu'il n'a pas encore donné. Le droit, par conséquent, demeure en lui aujourd'hui ». Cela vaut tout aussi bien pour l'acte de promettre, car quiconque promet de donner, « tant qu'il n'a pas donné, délibère toujours[129] ». C'est seulement au moment où nous acceptons explicitement d'entrer dans une convention en donnant un signe reconnaissable de la volonté que « la liberté d'exécuter ou de ne pas exécuter est enlevée[130] ». Cela explique à son tour pourquoi « il est impossible de faire une convention avec ces créatures vivantes » qui ne maîtrisent pas le langage, car dans de tels cas « nous ne disposons d'aucun signe suffisant » de leur volonté[131].

---

127. Hobbes, *Léviathan, op. cit.*, pp. 132-133.
128. Hobbes, *Éléments de la loi naturelle et politique, op. cit.*, II, 1, 18, p. 238.
129. *Ibid.*, I, 15, 5, p. 186, et I, 15, 7, p. 187. Pour des analyses, par Hobbes, de la délibération, ultérieures et semblables, voir Hobbes 1983, 2. 8, pp. 101-102 ; Hobbes, *Léviathan, op. cit.*, pp. 55-56.
130. Hobbes, *Éléments de la loi naturelle et politique, op. cit.*, I, 15, 9, p. 188. Pour des analyses ultérieures et semblables, voir Hobbes 1983, 2. 10, p. 102 ; Hobbes, *Léviathan, op. cit.*, pp. 132-133.
131. Hobbes, *Éléments de la loi naturelle et politique, op. cit.*, I, 15, 11, p. 189.

De toutes les conventions que nous passons, la plus importante est de très loin celle qui restreint notre liberté naturelle en nous assujettissant aux impératifs de la loi et du gouvernement. Devenir *sujet (subject)*, comme Hobbes en définit formellement le terme au chapitre 19, c'est passer la convention de se soumettre soi-même à un souverain en signifiant sa volonté d'abandonner son droit de résister[132]. Quand un assez grand nombre d'individus accomplit un tel acte de soumission, cela a pour effet de faire naître un corps « fictif », un corps qui est composé des membres de la multitude unis en une seule Personne en ce qu'ils se sont mis d'accord sur un unique souverain d'une façon qui est définie maintenant comme l'« implication » ou l'« inclusion » de leurs volontés individuelles dans sa seule volonté[133]. Hobbes décrit ces personnes fictives comme des « cités ou corps politiques[134] » ; et, dans le titre de son traité, il donne aux lois nécessaires pour les gouverner le nom de « politique », par opposition aux lois de la nature.

L'idée de donner le nom de « politique » à l'art de gouverner les cités se répand et se généralise en Angleterre au début du XVIIe siècle, après la traduction d'ouvrages comme les *Sixe Bookes of Politickes* de Juste Lipse en 1594 et de la *Politique* d'Aristote en 1598. Une tradition visuelle ne tarda pas à se mettre en place autour de ce vocabulaire, dans laquelle *Politica*, ou la Politique, est représentée comme une femme couronnée de murailles et de remparts, condition *sine qua non* pour toute cité désirant rester indépendante[135]. Nous en avons un magnifique exemple sur le frontispice que Rubens dessina pour les *Opera Omnia* de Juste Lipse, dont la première édition remonte à 1637 *(figure 5)*[136]. La figure qu'il imagine est en même temps appropriée et ambiguë, puisque *Politica* tient un gouvernail

---

132. *Ibid.*, I, 19, 10, p. 224.

133. *Ibid.*, I, 19, 6, p. 222. Sur le caractère « fictif » des corps politiques, cf. *ibid.*, II, 2, 4, p. 222.

134. *Ibid.*, I, 19, 10, p. 224.

135. Une tradition antérieure avait montré des cités personnifiées couronnées de murailles et de remparts. Voir, par exemple, la figure de Rome sur la page de titre de Tite-Live 1600. Je dois ces précisions à des conversations avec Dominique Colas.

136. Juste Lipse 1637. La signature qui se trouve à la base du Frontispice nous apprend qu'il fut gravé par Cornelius Galleus à partir d'un dessin de Rubens : « *Pet. Paul Rubenius invenit… Corn. Galleus sculpsit* ».

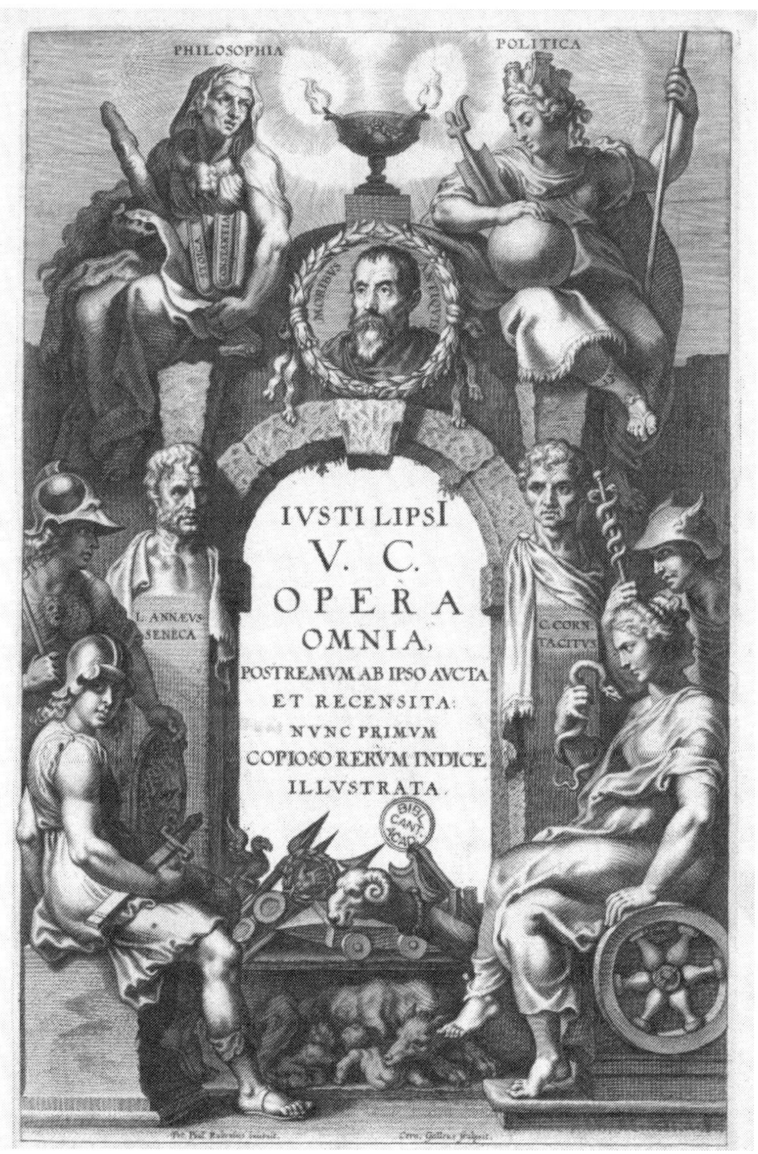

PHILOSOPHIA
POLITICA
L. ANNÆVS SENECA
C. CORN. TACITVS
IVSTI LIPSI
V. C.
OPERA
OMNIA,
POSTREMVM AB IPSO AVCTA
ET RECENSITA:
NVNC PRIMVM
COPIOSO RERVM INDICE
ILLVSTRATA.

Figure 5

dans sa main gauche tandis que sa main droite est posée sur une sphère – nous reconnaissons là deux éléments classiques de l'iconographie de la Fortune[137]. La Politique, nous est-il ainsi rappelé, est par excellence l'arène qui est placée sous l'emprise de la fortune[138]. Quoique la volage divinité puisse choisir de nous piloter à travers les tempêtes de la vie publique, la présence de la sphère – rappelons que de nombreuses représentations montrent la Fortune debout sur une sphère, mal assurée cependant, et luttant pour garder son équilibre[139] – fait allusion au fait qu'il est par définition impossible de compter sur elle.

Hobbes est l'un des premiers philosophes anglais à adopter cette manière d'envisager la « politique » comme l'art de gouverner les cités. Il décrit Aristote comme un penseur de la « Politique[140] » et il affirme avec un sentiment conscient de la nouveauté de son propos que, parler de corps politiques, c'est se référer aux corps fictifs des cités :

> Cette union ainsi faite est ce que les hommes appellent de nos jours un CORPS POLITIQUE ou société civile ; et les Grecs l'appellent *polis*, c'est-à-dire une cité, qui peut être définie comme étant une multitude d'hommes, unis en une seule personne par un pouvoir commun, pour leur paix, leur défense et leur bienfait communs[141].

Quand il se plaint ensuite que personne n'ait réussi à saisir correctement ce concept de cité comme « une personne », il s'en prend en particulier à « ces innombrables écrivains politiques » qui ont analysé le concept de souveraineté sans le comprendre[142].

---

137. Pour la Fortune associée à la fois au gouvernail et à la sphère, voir Bocchi 1574, p. 50 ; Boissard 1593, p. 103 ; Oraeus 1619, p. 124.

138. Aussi chez Oraeus 1619, p. 76, nous voyons non pas *Fortuna* seule, mais aussi *Prudentia politica* toutes deux associées à une sphère.

139. Voir, par exemple, Alciat 1550, p. 107 ; Junius 1566, p. 32 ; Oraeus 1619, p. 124 ; Wither 1635, p. 174.

140. C'est sous cette forme et dans cette orthographe que le terme apparaît in B. L. Harl. MS 4235, f° 67ʳ. Cf. Hobbes, *Éléments de la loi naturelle et politique, op. cit.*, I, 17, 1, p. 201.

141. *Ibid.*, I, 19, 8, p. 223.

142. *Ibid.*, II, 8, 7, p. 320.

Passant à l'examen de la nature des conventions par lesquelles nous nous assujettissons à de tels corps politiques, Hobbes reconnaît sa dette envers l'analyse de Bodin dans les *Six Livres de la République* – un ouvrage qu'il avait à sa disposition dans la bibliothèque de Hardwick à la fois dans sa traduction anglaise de 1606 et dans les versions originelles, française et latine, du texte[143]. Hobbes s'accorde avec Bodin pour dire que, quand nous acceptons de restreindre notre liberté naturelle en nous soumettant au pouvoir souverain, nous pouvons décider de devenir les sujets d'un individu unique, ou d'un groupe, ou du peuple dans son ensemble. Il s'approprie également l'affirmation de Bodin selon laquelle cette soumission a deux manières de se produire, et il entreprend, dans le chapitre 20 des *Éléments*, d'exposer les deux formes différentes que les conventions politiques peuvent prendre et les types de cité ou de corps politique correspondants qu'elles servent à établir.

Hobbes considère d'abord, dans les chapitres 20 et 21, les conventions qui établissent ce qu'il appelle les corps politiques par institution arbitraire[144]. Ces agréments sont conclus quand les membres d'une multitude s'assemblent et consentent, les uns avec les autres, à abandonner de leur liberté naturelle autant qu'il est nécessaire pour se voir garantir la sécurité et la paix[145]. Le résultat est l'institution d'un pouvoir souverain «non moins absolu en la République*[146] que n'était absolu, avant la République*, l'état où était tout homme de faire ou de ne pas faire ce qu'il pensait être bon[147]». Quoique Hobbes admette qu'il n'est pas facile pour des hommes de se faire à la nécessité d'une souveraineté qui dispose de tant de pouvoir[148], il est catégorique dans son affirmation que, si la paix est notre objectif, nous n'avons pas d'autre choix que d'instituer cette forme absolue de souveraineté[149].

---

143. Hobbes MS E. 1. A, pp. 62, 125.

144. Hobbes, *Éléments de la loi naturelle et politique, op. cit.*, II, 1, 1, p. 226.

145. *Ibid.*, II, 1, 1, p. 226 ; 20. 5, p. 110 et II, 1, 5, p. 229.

146. Nous écrivons République avec un astérisque à chaque fois que nous traduisons Commonwealth.

147. *Ibid.*, II, 1, 13, p. 233.

148. *Ibid.*

149. *Ibid.*, II, 1, 19, p. 239.

L'autre type de convention politique est discuté au chapitre 22, dans lequel Hobbes en vient à considérer ce qu'il décrit comme la domination d'acquisition[150]. Le droit d'exercer sa domination sur une autre personne est dit « acquis » lorsqu'« un homme se soumet à un assaillant par crainte de la mort »[151]. Cette forme de soumission peut sembler exclure tout contrat, mais il est clair que Hobbes attend de nous que nous nous rappelions ce qu'il avait dit au chapitre 12 sur l'homme qui jette ses biens à la mer pour sauver sa vie. De même qu'il souhaite éviter la mort par noyade, l'homme qui a été vaincu souhaite éviter pour lui une exécution sommaire. Mais cela revient à dire que, dans le second cas non moins que dans le premier, la victime apparente agit selon sa volonté. En acceptant de se soumettre à son assaillant à la condition que sa vie soit épargnée, on peut considérer qu'elle conclut une convention, du moins implicitement, avec l'homme qui l'a subjuguée[152].

Il peut sembler naturel d'objecter qu'il est difficile de décrire ce type de « convention supposée », ainsi que l'appelle Hobbes[153], comme le second moyen d'établir une cité ou un corps politique, dans la mesure où elle prend simplement la forme d'un agrément entre deux individus, dont l'un a vaincu l'autre. Hobbes admet la difficulté, mais à son habitude il relève le défi. Quand quelqu'un a le dessous et consent à obéir à son assaillant, répond-il, nous avons déjà « un petit corps politique, qui consiste en deux personnes : l'une, souveraine, qui est appelée le MAÎTRE ou seigneur ; l'autre, sujette, qui est appelée le SERVITEUR[154] ». Si un tel subjugueur[155] réussit par la suite à acquérir des droits similaires sur un nombre considérable de serviteurs, il en résulte une forme despotique de gouvernement royal[156].

---

150. *Ibid.*, II, 3, 1, p. 251.

151. *Ibid.*, II, 3, 2, p. 252.

152. *Ibid.*

153. *Ibid.*, II, 3, 3, p. 253.

154. *Ibid.*, II, 3, 2, p. 252.

155. C'est ainsi que Fr. Tricaud traduit le *conqueror* dans les passages du *Léviathan* correspondants où il s'en explique. Voir sa note 1 p. 714. Je reprends aussi son vocabulaire pour « avoir le dessous » *(to overcome) (NdT)*.

156. Hobbes, *Éléments de la loi naturelle et politique, op. cit.*, II, 3, 2, p. 252.

En traitant du despotisme comme d'une forme légale de monarchie, Hobbes dissipe les doutes que son lecteur pouvait avoir quant à son objectif fondamental : il vise à justifier la souveraineté absolue[157]. Quand il parle de convention «de la part de celui qui a eu le dessous de ne pas résister à celui qui a eu le dessus», il est évident qu'il attend de son lecteur qu'il se souvienne des mots de saint Pierre : «quiconque a le dessous est esclave de celui qui l'a vaincu»[158]. Hobbes confirme logiquement que tout subjugueur acquiert «un droit de domination absolu sur celui qu'il a subjugué», ce à quoi il ajoute, dans un registre encore plus effrayant, que ceux qui ont été subjugués non seulement deviennent les serviteurs de leur subjugueur, mais que le subjugueur «peut dire de son serviteur qu'il est *à* lui, comme on peut le dire de tout autre chose». S'étant eux-mêmes soumis à son pouvoir, «ils ne doivent pas résister, mais obéir à tous ses commandements comme à des lois[159]».

Quand Hobbes examine les deux manières différentes en vertu desquelles notre liberté naturelle peut être soit perdue soit supprimée, il insiste en même temps sur le fait que, selon que nous concluons une convention politique ou sommes réduits en esclavage, il y a une différence de degré entre les deux façons d'abdiquer notre liberté. Quand nous devenons esclaves, nous perdons notre liberté naturelle d'agir selon notre volonté, parce que nous perdons pratiquement tout droit à agir dans l'absolu. Mais si nous passons une convention, nous ne perdons, de notre liberté naturelle, que les éléments qui, si nous les conservions, mineraient notre propre sécurité et la valeur plus générale de la paix. Comme Hobbes le résume au chapitre 20, «jusqu'à quel point dans l'élaboration d'une république* un homme assujettit sa volonté au pouvoir des autres, cela doit apparaître à partir de la considération de la fin, à savoir la sécurité[160]».

---

157. Pour des discussions de la position de Hobbes par rapport au despotisme, voir Hüning 1998, pp. 251-264 ; Tarlton 1999.

158. Hobbes, *Éléments de la loi naturelle et politique, op. cit.*, II, 3, 2, p. 252 ; cf. 2 Pierre, 2. 19 [Traduction Isaac Lemaistre de Sacy, 1666].

159. Hobbes, *Éléments de la loi naturelle et politique, op. cit.*, II, 3, 2, p. 252 ; et *ibid.*, II, 3, 4, pp. 253, 254.

160. *Ibid.*, II, 1, 5, pp. 229-230.

Cette condition a pour effet que, dans le cas de sujets, par opposition à des esclaves, deux éléments de leur liberté naturelle demeurent même après l'établissement de la République*. L'un est que tout le monde conserve, et doit conserver, le droit à la liberté de mouvement. Il est vrai que Hobbes ne se réfère qu'incidemment à cette exception, et seulement à la toute fin de son traité. Mais il est clair que, parce que notre objectif, quand nous passons une convention, est de jouir non pas seulement de la paix mais aussi des commodités de la vie, nous devons jouir d'un droit ininterrompu à ne pas être incommodés. En particulier, il ne faut pas que nous soyons «emprisonnés ou confinés à cause de la difficulté des chemins et du manque de moyens pour le transport des choses nécessaires»; au contraire, il faut que nous soit procurée la possibilité «de passer commodément de lieu en lieu»[161].

L'autre exception naît du fait cardinal que, si nous convenons de renoncer à notre droit de nature, c'est seulement à la condition d'obtenir la paix et ses bienfaits. Il s'ensuit que, s'il nous faut conserver telles ou telles libertés spécifiques pour accomplir ce dessein, elles aussi doivent rester en place après l'établissement de la République*. Alors qu'il est nécessaire «qu'un homme ne garde pas son droit sur toutes choses», il n'est pas moins nécessaire «qu'il garde son droit sur certaines choses»[162]. Parmi ces choses, la plus manifeste consiste dans les actions nécessaires à la défense de son propre corps; mais à cela Hobbes ajoute le droit sur l'usage «du feu, de l'eau, de l'air libre et d'un lieu pour habiter» et, en général, le droit «sur toutes les choses nécessaires à la vie»[163].

Hobbes signale ces exceptions sans toutefois mettre un accent particulier sur elles. Son objectif fondamental est de souligner que, quand nous passons convention de nous assujettir à une cité ou à un corps politique, nous abandonnons fondamentalement et sciemment la liberté caractéristique de l'état de nature. Si quelque autre élément de liberté naturelle nous demeure, cela ne peut être qu'en vertu de la permission qui nous est accordée par ceux qui exercent dorénavant le pouvoir souverain. S'ils peuvent nous

---

161. *Ibid.*, II, 9, 4, p. 330.
162. *Ibid.*, I, 17, 2, p. 202.
163. *Ibid.*

octroyer la liberté d'accomplir un large éventail d'actions, en parfaite continuité avec notre précédente situation, nous ne possédons plus le même droit de les accomplir que celui dont nous jouissions dans l'état de nature. Toute liberté qui nous demeure reflète simplement le fait qu'aucune loi n'a été promulguée pour limiter son exercice. Mais il est toujours loisible au souverain de publier de telles lois n'importe quand, et il ne peut y avoir d'appel contre elles que le souverain ne puisse rejeter. Ce dont nous jouissons dorénavant n'est rien de plus que « cette liberté que la loi nous laisse[164] ».

L'argumentation de Hobbes se rassemble et converge donc sur l'affirmation que, dans l'état de sujétion civile, tout le monde fait l'expérience de la « perte de la liberté[165] ». L'état de liberté naturelle « est l'état de celui qui n'est pas sujet », mais « la liberté ne peut aller avec la sujétion »[166]. Cette conclusion cruciale est soulignée par une redondance stylistique très rare sous sa plume. Au sein des cités ou des corps politiques nous sommes obligés de vivre dans une « sujétion absolue » ; nous devons reconnaître qu'il ne peut y avoir d'« exemption de la sujétion et de l'obéissance à l'égard du pouvoir souverain », parce que « la sujétion de ceux qui instituent une République* n'est pas moins absolue que la sujétion des serviteurs »[167]. Le dernier mot de Hobbes, le plus terrible aussi, est donc que, une fois que nous établissons des autorités souveraines sur nous-mêmes, nous sommes « de façon aussi absolue leurs sujets que l'est un enfant vis-à-vis de son père ou un esclave vis-à-vis de son maître dans l'état de nature[168] ».

---

164. *Ibid.*, II, 10, 5, p. 338.
165. *Ibid.*, II, 5, 2, p. 269.
166. *Ibid.*, II, 4, 9, p. 262 ; 27. 3, p. 169 ; et *ibid.*, II, 8, 3, p. 314.
167. *Ibid.*, II, 1, 15, p. 236 ; 23. 9, p. 134 ; et *ibid.*, II, 4, 9, p. 261.
168. *Ibid.*, II, 1, 16, p. 236.

3.

Éléments de la loi naturelle et politique :
liberté circonscrite

I.

L'Épître dédicatoire des *Éléments de la loi naturelle et politique* comporte une défense passionnée de la théorie de la souveraineté absolue et indivisible exposée dans le corps du texte. « Ce serait un bienfait incomparable », explique Hobbes au comte de Newcastle, « si chacun adoptait les opinions concernant la loi et la politique ici exposées »[1]. Comme Hobbes le savait bien, cependant, cette prétention était polémique, presque désespérément polémique. Selon de nombreux écrivains politiques de son temps, la forme de soumission absolue qu'il théorisait revenait purement et simplement à une condition d'esclavage total et de servitude. Ces penseurs objectent, comme Hobbes l'admet, que la sujétion qu'il décrit est une « dure condition », et que, « par haine à son égard », ils l'appellent esclavage[2]. Qui plus est, ils contestent l'idée que l'acte de se soumettre à la nécessité d'un gouvernement devrait impliquer une perte de liberté. Au contraire, ils insistent pour dire qu'il y a des circonstances dans lesquelles cela fait parfaitement sens de se qualifier d'« homme libre* », quoique l'on vive assujetti à un pouvoir civil, et par conséquent ils pensent qu'il est possible de distinguer

____

1. Hobbes, *Éléments de la loi naturelle et politique, op. cit.*, p. 78.
2. *Ibid.*, II, 1, 15, p. 236.

le «gouvernement d'hommes libres*» du type seigneurial de domination auquel ils sont défavorables[3]. Nous devons maintenant considérer ces traditions de pensée constitutionnelle concurrentes de Hobbes et les efforts qu'il déploie dans les *Éléments* pour leur répondre et leur ôter tout crédit.

II.

Hobbes manifeste une connaissance pointue de trois différents courants de pensée qui proposent chacun leur propre analyse des relations entre liberté, sujétion et servitude. Ses préoccupations vont aux conceptions des monarchistes modérés ou «constitutionnels», selon lesquels il n'est pas nécessairement incompatible de vivre en hommes libres* et d'être placés sous la sujétion du règne de rois[4]. Nous trouvons maintes fois cette affirmation reprise et répétée par les juristes de la Couronne anglaise dans leurs démêlés avec la Chambre des communes au cours des premières décennies du XVIIe siècle. C'est durant cette période que la Chambre des communes commença à exprimer des doutes considérables sur la façon qu'avait la Couronne d'utiliser ses prérogatives, et l'anxiété atteignit son paroxysme au Parlement en 1628, quand la Pétition des droits *(Petition of Rights)* fut présentée à Charles Ier. Selon les propres termes du président de la Chambre des communes, l'intention «de faire valoir certaines libertés justes et égales des libres sujets de ce royaume face aux violations du passé, et de les préserver de toutes futures innovations[5]» était sous-jacente à la Pétition. Les Communes s'inquiètent, explique le président, de se voir prier «de reconnaître, dans le Roi, un pouvoir souverain au-dessus des lois et des statuts du royaume» et désirent avoir confirmation de ce que la Couronne garantit «un droit naturel et l'avantage de la liberté et de la franchise aux sujets de ce royaume comme étant leur droit de naissance et

---

3. *Ibid.*, II, 4, 9, pp. 263-64 ; 24. 2, p. 138 ; et *ibid.*, II, 5, 1, p. 267.
4. Sur le monarchisme constitutionnel (par opposition au monarchisme de droit divin) de la fin des années 1630 et du début des années 1640, voir Smith 1994, pp. 16-38, 62-106 ; Wilcher 2001, pp. 21-120.
5. Johnson *et al.* 1977b, p. 562.

leur héritage »[6]. Une des causes de leur anxiété, en d'autres termes, est que le roi semble s'arroger une forme arbitraire de pouvoir, dont l'effet serait de réduire ses sujets d'hommes libres* qu'ils étaient à une condition de servitude. Sir John Eliot résume bien le malaise quand il observe que le roi paraît ne pas vouloir comprendre que « la grandeur de son pouvoir réside dans la liberté de son peuple, en ce qu'il est le roi d'hommes libres, et non pas d'esclaves[7] ».

Ceux qui avaient à cœur d'apaiser cette anxiété sans pour autant renoncer à soutenir l'autorité du roi avaient à leur disposition de puissants arguments dans la pensée de Jean Bodin et d'autres théoriciens de la souveraineté plus ou moins contemporains. La *République* de Bodin avait été traduite en anglais par Richard Knolles sous le titre de *Six Bookes of a Commonweale*, en 1606, et avait aussitôt notoirement conquis un large public[8]. Dans les termes de la traduction de Knolles, Bodin concède que, pour ce qui est de la rude condition des sujets sous une monarchie seigneuriale, il est vrai qu'ils ne peuvent espérer vivre en tant que *liberi homines*. La raison en est que, sous de tels régimes « le Prince est faict Seigneur des biens et des personnes », en conséquence de quoi ils sont gouvernés « comme le père de famille le fait de ses esclaves »[9]. Bodin insiste cependant pour dire que sous une « monarchie légitime ou royale », il n'y a pas nécessairement d'affrontement entre la souveraineté du prince et la liberté de ses sujets[10], et cela parce que « le monarque royal [en qui] seul gist la majesté souveraine » « se rend aussi obéissant aux loix de nature comme il désire les subjects estre envers luy » et qu'il est donc obligé de promouvoir le bien commun[11]. Il en résulte que ses sujets sont en situation de jouir de « la liberté naturelle, et [de] la propriété des biens », tout le monde étant « nourri en liberté, et non abastardi de servitude »[12].

Au fur et à mesure que le différend entre la Couronne anglaise et le Parlement s'aggravait, le gouvernement chercha à plusieurs reprises à calmer les deux Chambres en recourant à ce type d'ar-

---

6. *Ibid.*, pp. 565-566.
7. *Ibid.*, p. 8 .
8. Salmon 1959, p. 24.
9. Bodin, Fayard, II, 2, p. 35 (traduction modifiée).
10. *Ibid.*, p. 34.
11. *Ibid.*, p. 34 et II, 3 p. 44.
12. Bodin, Fayard, II, 3, p. 43 ; et II, 2, p. 42 ; 2. 2, p. 204.

guments. S'adressant aux turbulentes Communes de 1610, l'*Attorney general* considéra qu'il était de son devoir de montrer que nous pouvons espérer « marcher entre le droit du roi et la liberté du peuple »[13]. Confrontés à la Pétition des droits de 1628, les ministres de Charles Ier réaffirmèrent que la souveraineté du roi pouvait facilement être conciliée avec la liberté du peuple. Le lord Garde du Grand Sceau (*Lord Keeper*) garantit catégoriquement aux deux Chambres qu'elles n'avaient pas besoin de diminuer ou d'affaiblir la prérogative royale pour assurer « la juste liberté de leurs personnes et la sécurité de leurs domaines[14] ». Sir John Coke, le Secrétaire d'État, déclara que le roi considérait « comme sa plus grande gloire d'être un roi d'hommes libres » et qu'il « ne commandera jamais à des esclaves »[15]. Le roi reconnaît, insiste Coke, qu'il est fondamentalement obligé par la loi et qu'il « nous gouvernera selon les lois et les us du royaume[16] ». De surcroît, on peut lui faire crédit de ce qu'il exerce ses droits de souverain « pour notre bien », de telle sorte que nul n'est fondé à décrire ses pouvoirs comme arbitraires[17]. Il en résulte que nous pouvons être sûrs qu'il « nous maintiendra dans les libertés de notre personne et dans la propriété de nos biens », sans que personne ait la moindre raison de redouter la perte de sa condition d'homme libre*[18].

La théorie constitutionnelle présentait, à l'époque de Hobbes, un deuxième élément, plus radical, qui l'inquiétait donc bien davantage. Comme il le remarque lui-même, selon cet autre courant de pensée, il n'est possible de vivre sous une monarchie en homme libre* que si et seulement si elle prend une forme constitutionnelle spécifique, celle d'un « gouvernement qu'ils pensent être un mélange des trois espèces de souveraineté[19] ». Bodin, dans sa célèbre attaque contre l'idée des États mixtes – et Hobbes se réfère explicitement à ce passage de la *République* – avait nommé ce *grand personnage*

---

13. Foster 1966, vol. 2, p. 198.
14. Johnson *et al.* 1977b, p. 125.
15. Johnson *et al.* 1977a, pp. 278, 282. Sur le rôle de Coke au Parlement de 1628, voir Young 1986, pp. 171-185.
16. *Ibid.*, pp. 212-213.
17. *Ibid.*, p. 213.
18. *Ibid.*
19. Hobbes, *Éléments de la loi naturelle et politique, op. cit.*, II, 1, 15, p. 236.

qu'était le cardinal Gasparo Contarini comme le dernier partisan de cette croyance ancienne et dangereuse[20]. Selon la conception de Contarini, explique Bodin, nous pouvons parler, en plus de la monarchie, de l'aristocratie et de la démocratie, d'un quatrième type de constitution qui serait un mixte des trois autres[21]. Contarini avait présenté cet argument dans son *De Magistratibus & Republica Venetorum*, dont la première édition parut à Paris en 1543, un an après sa mort. Il suffit, aux yeux de Contarini, de considérer le cas de sa Venise natale pour découvrir le mélange spécifique qu'il préconise : le Doge préside, le Sénat surveille le travail quotidien du gouvernement, et l'autorité législative revient en dernier ressort à un Grand Conseil auquel toute personne, pourvu d'être un citoyen et donc un *homo liber*, a droit d'accéder[22]. Cette analyse se clôt par une conclusion retentissante, puisque Contarini y affirme que c'est grâce à ce mélange que le peuple de Venise a été en mesure de vivre en liberté plus longtemps que tout autre État :

> Par laquelle modération de gouvernement nous avons obtenu ce que iamais aulcune des Republiques anciennes, & renommées n'a peu auoir. Car dès le commencement iusques au présent qu'il y a près de mille deux cens ans, nostre a tousjours esté franche, & libre, non seulement de la domination des estrangers, mais aussi de sédition, & discorde civile, qui ait au moins esté d'aulcune importance[23].

Comme Contarini l'avait déjà explicité auparavant à de multiples reprises, si l'on désire conserver un mode de vie libre, il faut

---

20. Bodin 1576, 2. 1, p. 219. Pour la référence de Hobbes à l'analyse de Bodin, voir Hobbes, *Éléments de la loi naturelle et politique, op. cit.*, pp. 172-173 ; pour Contarini sur le gouvernement mixte, voir Blythe 1992, pp. 286-287.

21. Bodin 1576, 2. 1, p. 219 parle de « la quatrieme meslee des trois ».

22. Contarini 1543, p. 14 affirme que « *civis liber est homo* », c'est-à-dire que tout citoyen est un *liber homo*.

23. Contarini 1543, p. 113 ; édition française : *Des magistratz, & république de Venise composé par Gaspar Contarin gentilhomme Venetien, & despuis traduict de Latin en vulgaire Francois par Jehan Charrier natif d'Apt en Provence* (On les vend à Paris en la grand'salle du Palays en la boutique de Galiot du Pré, libraire de l'Université, 1544), livre cinquiesme, feuillet xcix sq.

avant tout garantir que l'on institue «une mixtion de toutes les formes légales de gouvernement[24]».

En peu d'années, un grand nombre de théoriciens anglais de la monarchie constitutionnelle se mirent à écrire dans le même sens, dont John Ponet, John Alymer et Sir Thomas Smith[25]. Mais tout en accordant que, selon la formule de Ponet, un «État mixte» est «la meilleure forme possible»[26], le mélange qu'ils recommandent s'oppose fortement à l'idée de Contarini que le pouvoir législatif suprême doive être confié à une unique assemblée du peuple. Ils se déclarent au contraire en faveur du système anglais, selon lequel le droit de légiférer revient à la fois au monarque et aux deux chambres du Parlement. Comme Aylmer l'explique dans son *Harborowe* de 1559, le peuple d'Angleterre a découvert que le meilleur moyen de défendre sa liberté est de maintenir «un régime mixte» de monarchie, oligarchie et démocratie, dont l'image «se voit dans les chambres du parlement» puisque les trois états y légifèrent ensemble[27]. C'était aussi le modèle invoqué par les critiques les plus hardies de la prérogative royale dans les premiers parlements des Stuarts. Quand, en 1610, sir Thomas Hedley prononça son grand discours sur la liberté des sujets devant la Chambre des communes[28], il répéta que «la bonne composition et mélange» de la constitution anglaise réside en ce que ce «royaume jouit des bénédictions et des bienfaits d'une monarchie absolue et d'un État libre»[29]. D'un côté, il est reconnu au roi «le droit à de nombreuses prérogatives à une large échelle», mais, de l'autre, la «liberté et franchise légales des sujets» sont garanties par le *common law* et la Haute Cour du Parlement[30].

On aurait attendu de Hobbes qu'il se concentre sur cette tradition anglaise de la théorie constitutionnelle, mais en fait il ne

---

24. Contarini 1543, p. 13 loue les Vénitiens de ce qu'ils «ont si bien meslé les bons estatz»: édition fr. *Des magistratz, & république de Venise…, op. cit.*, livre premier, feuillet xij. Voir aussi p. 28 sur la manière dont «tous bons gouvernements… [sont] meslez en ceste seule Republique»; édition fr., *op. cit.*, livre premier, feuillet xxiv.

25. [Ponet] 1556, sig. A, 5[r], sig. B, 5[v]; [Aylmer] 1559, sig. H, 2[v] - 4[r]; Smith 1982, p. 52.

26. [Ponet] 1556, sig. A, 5[r].

27. [Aylmer] 1559, sig. H, 3[r].

28. Pour une analyse complète du discours de Hedley, voir Peltonen 1995, pp. 220-228.

29. Foster 1966, vol. 2, p. 191.

30. *Ibid.*

la mentionne jamais dans les *Éléments*. Quand il décrit le type de
mélange qui nous permet prétendument d'« éviter ce qu'ils estiment
être la dure condition de la sujétion absolue[31] », la structure qu'il dis-
sèque rappelle bien plutôt le *De Republica Venetorum* de Contarini
– un ouvrage auquel il a accès sous deux versions différentes dans la
bibliothèque de Hardwick[32]. Dans la traduction anglaise du traité
de Contarini réalisée en 1599 par Lewes Lewkenor sous le titre de
The Common-wealth and Government of Venice (La République et
le gouvernement de Venise)*, Lewkenor fait soutenir par Contarini la
doctrine selon laquelle le meilleur moyen de maintenir la liberté
civile consiste à instituer une grande assemblée avec « tous les pouvoirs » de légiférer, une autre assemblée de « principaux ministres » et
un seul homme au nom duquel « sont promulgués tous les décrets,
lois et lettres publiques »[33]. Il semble bien que les *Éléments* fassent
écho à cette analyse quand Hobbes évoque, de façon trop proche
pour que ce ne soit qu'une coïncidence, un système sous lequel
« le pouvoir d'élaboration des lois » est « donné à quelque grande
assemblée démocratique », tandis que « le pouvoir de justice » est
donné « à quelque autre assemblée » et « l'administration des lois »
est donnée à « un certain homme seul »[34]. Telle est l'organisation
du pouvoir à laquelle, de l'avis de Hobbes, les théoriciens constitutionnels de son temps songent quand ils affirment qu'il est possible
de vivre en homme libre* dans un État mixte.

Il existait enfin, et elle était de nature à préoccuper Hobbes
encore davantage, une version encore plus radicale de l'idée qu'il
n'est possible de vivre en homme libre* que sous une seule forme
particulière de gouvernement. Selon cet autre courant de la théorie
constitutionnelle de son temps, le seul moyen de préserver notre
liberté sera de vivre dans un « État libre », un État où seules les lois
règnent et où tout un chacun donne son consentement actif aux lois
qui l'obligent. Ce qui est donc essentiel, en d'autres termes, c'est de
vivre dans une démocratie ou dans une république qui se gouverne
elle-même par opposition à toute forme de régime monarchique

---

31. Hobbes, *Éléments de la loi naturelle et politique, op. cit.*, II, 1, 15, p. 236.
32. Hobbes MS E. 1. A, pp. 69, 126.
33. Contarini 1599, pp. 18, 65.
34. Hobbes, *Éléments de la loi naturelle et politique, op. cit.*, II, 1, 15, p. 236.

ou même mixte. Seule une organisation politique qui se gouverne elle-même nous donne la possibilité de rester libres par rapport aux pouvoirs discrétionnaires que les princes revendiquent par définition, et par conséquent libres de toute dépendance et sujétion à leur volonté arbitraire qui nous ôte notre condition d'hommes libres* et nous marque au fer rouge comme des esclaves.

Ce raisonnement était rapporté à l'héritage de l'Antiquité, et en particulier (comme Hobbes devait lui-même le faire remarquer dans le *Léviathan*) aux « ouvrages d'histoire et de philosophie des anciens Grecs et Romains[35] ». Le plus ancien historien grec à avoir offert une analyse systématique qui suive cette ligne interprétative n'est autre que Thucydide[36], et c'est donc par une ironie considérable que la version grecque de l'argument commença sa carrière en Angleterre en partie grâce à la traduction, par Hobbes, de l'*Histoire*. Cette dernière attribue fréquemment à Thucydide le concept d'« États libres[37] », notamment dans plusieurs des discours officiels qui ponctuent son récit. Quand un orateur emploie cette expression, c'est, de toute évidence, dans la majeure partie des cas, pour dire que l'État en question est libre de toute sujétion à la volonté de qui que ce soit d'autre que ses propres citoyens et, partant, libre de toute tyrannie interne ou dépendance d'un autre État. Quand, par exemple, Périclès, dans son « Oraison funèbre », au livre II, célèbre l'« état de liberté » dont ses concitoyens ont hérité, il le décrit comme la condition où l'on est « de se suffire à soi-même »[38]. Quand l'ambassadeur de Mytilène déclare, au livre III, que sa propre cité demeure « de nom un État libre », il précise sa pensée en expliquant qu'il veut dire que lui et ses concitoyens ont « toujours [leurs] propres lois »[39]. Quand Hermocrate, au livre IV, prononce son discours en faveur de la paix, il met lui aussi sur le même pied le désir de « voir nos cités libres » et le vœu d'être « maîtres de nous-mêmes »[40].

Vivre dans une cité libre, de l'avis de ces orateurs, unanimes sur ce point, c'est ce qui nous donne les moyens de profiter de

---

35. Hobbes, *Léviathan*, *op. cit.*, p. 227.
36. Même s'il y a des remarques comparables dans le livre III des *Histoires* d'Hérodote.
37. Voir, par exemple, Hobbes 1843a, pp. 183, 258, 266 ; Hobbes 1843b, pp. 286, 288.
38. Hobbes 1843a, p. 190.
39. *Ibid.*, p. 277.
40. *Ibid.*, p. 445.

notre liberté personnelle. Périclès proclame que, parce que lui et les Athéniens ses concitoyens habitent dans une démocratie, ils « vivent non seulement libres par rapport à l'administration de l'État, mais aussi l'un vis-à-vis de l'autre[41] ». Hermocrate se félicite également de ce que les citoyens d'Athènes ne « servent pas toujours le Mède ou quelque autre maître », mais qu'ils « sont des Doriens et des hommes libres* », chacun jouissant de sa liberté personnelle[42]. À cette condition est invariablement opposée la misère de ceux qui sont condamnés à vivre assujettis à la volonté d'un tyran ou d'un autre État. Brasidas, dans son discours au livre IV, compare les Grecs qui « jouissent encore de leurs propres lois » à ceux qui sont placés sous la domination athénienne et sont donc « tenus en servitude »[43]. Au livre VI, Nicias emploie la même formule, comparant la liberté des citoyens qui vivent sous leurs propres lois à la « dure servitude » de ceux qui vivent sous un maître[44]. La distinction continuellement invoquée creuse un fossé entre ceux qui se gouvernent eux-mêmes et donc jouissent de leur liberté, et ceux qui vivent sous la volonté d'autrui et, partant, vivent en esclavage[45], sujétion[46] ou servitude[47].

Malgré le prestige qui s'attache à son nom, l'*Histoire* de Thucydide joua probablement un rôle marginal dans la diffusion des idées grecques sur les États libres dans l'Angleterre du début du XVIIe siècle. La *Politique* d'Aristote eut une influence bien plus notable, en particulier après la publication, en 1598, de sa première traduction anglaise complète. Quand, au chapitre 2 du livre VI, Aristote entreprend d'examiner « ce qui est la fin et le fondement de la démocratie », il commence par annoncer que « la fin et le fondement de l'État populaire est la liberté ». Il ajoute que, « selon le vieux dicton, il n'y a que dans la République* que les hommes profitent de la liberté,

---

41. *Ibid.*, p. 191.
42. Hobbes 1843b, p. 194.
43. Hobbes 1843a, p. 469.
44. Hobbes 1843b, p. 136.
45. Hobbes 1843a, pp. 72, 228.
46. *Ibid.*, pp. 228, 434 ; Hobbes 1843b, pp. 31, 102, 187, 198, 364, 370 *(subjection)*.
47. Hobbes 1843a, pp. 217, 277, 326, 495 ; Hobbes 1843b, pp. 10, 82, 158 *(servitude)*.

sachant que cela est le but de tous les États populaires[48] ». La liberté dont jouissent les citoyens de ce genre de communauté est à son tour opposée à la « propriété de l'esclavage », qui est définie comme la condition dans laquelle il n'est pas possible « pour un homme de vivre à sa propre discrétion ». Posséder la liberté, c'est « pour les hommes vivre comme ils le désirent » ; vivre en esclavage, c'est vivre dans la sujétion à la volonté et à la discrétion d'autrui[49].

Comme Hobbes devait le faire remarquer dans le *Léviathan*, l'Angleterre du début du XVIIᵉ siècle était marquée au moins autant par l'interprétation que les historiens de la Rome antique avaient donnée au même concept de *civitas libera*[50]. Le danger bien particulier que posent leurs écrits, comme Hobbes l'observe amèrement à la fin des *Éléments*, provient du fait que « non seulement le nom de tyran, mais aussi celui de roi étaient haïs » de « ceux qui écrivirent dans l'État romain »[51]. Dans les livres inauguraux de l'*Histoire* que Tite-Live consacre au récit des tout premiers commencements de l'histoire de la liberté romaine, il décrit notamment comment le peuple romain réussit à se débarrasser de ses rois. Philemon Holland – dont la traduction de 1600 était à la disposition de Hobbes dans la bibliothèque de Hardwick – restitue ce passage, ô combien crucial, en disant qu'après avoir chassé les Tarquins, « le peuple de Rome » fut en mesure d'établir « un État libre à partir de ce moment ». « Cette liberté qui était la leur », poursuit-il, consistait dans le fait que « les autorités et le règne de la loi » devinrent « plus puissants et formidables que ceux des hommes ». Le peuple ne dépendait dorénavant plus que des lois ; et, ainsi affranchis de toute sujétion à une volonté individuelle, les gens étaient donc capables de vivre en liberté[52].

Un siècle plus tard, Tacite devait faire, dans ses *Annales*, le récit immortel de la manière dont cette histoire prit fin. Son interprétation fut à son tour mise à la disposition des lecteurs anglais quand Richard Grenewey publia sa traduction en 1598 – une version elle

---

48. Aristote 1598, 6. 2, p. 339. Cela ne veut pas dire qu'Aristote soit partisan de la démocratie. Comme Nelson 2004, pp. 11-13 le souligne, les conceptions d'Aristote sur la nature humaine le conduisent à ce que l'on peut appeler une orientation anti-romaine.
49. Aristote 1598, 6. 2, p. 340.
50. Hobbes, *Léviathan, op. cit.*, pp. 227, 344.
51. Hobbes, *Éléments de la loi naturelle et politique, op. cit.*, II, 8, 10, p. 322.
52. Tite-Live 1600, p. 44.

aussi à la disposition de Hobbes dans la bibliothèque de Hardwick[53]. Tacite commence par une évocation mélancolique de la manière dont (selon les termes de Grenewey) «l'ancienne forme de gouvernement de la libre République*» avait été balayée après que la constitution eut été «mise sens dessus dessous». Les gens n'étaient plus gouvernés par la loi, mais se trouvèrent contraints d'adopter une position de dépendance dans laquelle «chaque homme faisait tout son possible pour obéir au prince». Tacite ne doutait pas de ce que vivre sous une telle domination revînt à l'esclavage et, logiquement, il en concluait qu'en se soumettant au changement, «les Consuls, les Sénateurs et les Gentilhommes se précipitaient la tête la première dans la servitude»[54].

Ces célébrations nostalgiques de la *civitas libera* eurent un impact sensible sur la théorie politique anglaise dans la génération qui précéda la guerre civile, comme les écrits de Richard Beacon et de Thomas Scott l'attestent largement[55]. Mais, fait peut-être plus important encore, les mêmes années virent paraître la traduction anglaise, par Edward Dacres, des *Discorsi* de Machiavel sur la première décade de l'histoire de Tite-Live. Dans l'intervalle, Bodin avait désigné Machiavel comme l'un des principaux détracteurs de la souveraineté indivisible[56], et l'on peut imaginer que Hobbes pense en partie à Machiavel quand il parle dans les *Éléments* de ces théoriciens politiques qui prétendent qu'«*il y a un gouvernement pour le bien de celui qui gouverne, et un autre pour le bien de ceux qui sont gouvernés*» et que seul ce dernier mérite d'être appelé un «*gouvernement d'hommes libres*[57]*»*. Hobbes prend la peine de rédiger une note marginale pour préciser qu'il se réfère à la classification aristotélicienne des régimes[58], mais sa phraséologie rappelle fort curieusement l'opposition que Machiavel établit dans les *Discorsi* entre tyrannies et États libres. La traduction, par Dacres, des *Discorsi* était à la disposition de Hobbes dans la bibliothèque de

---

53. Hobbes MS E. 1. A, p. 115.

54. Tacite 1598, pp. 2-3.

55. Sur Beacon et Scott, voir Peltonen 1995, pp. 75-102, 229-270.

56. Bodin 1576, 2. 1, p. 219.

57. Hobbes, *Éléments de la loi naturelle et politique, op. cit.*, II, 5, 1, p. 267.

58. B. L. Harl. MS 4235, f° 102ʳ a une note marginale pour ce passage, de toute évidence de la main de Hobbes, «Aristot. Pol. Lib. 7 cap. 14».

Hardwick[59], et cette version fait dire à Machiavel que, sous le règne d'un prince « ce qui lui est profitable lèse la cité » de telle sorte que « le profit n'est pas pour la République, mais pour lui seul »[60]. La morale à en tirer est que les seules formes de gouvernement sous lesquelles l'intérêt des gouvernés est respecté sont les républiques « car tout ce qui va dans le sens de leur avantage est mis en pratique », de telle sorte que les gens sont en mesure de vivre en liberté[61].

Ce que Machiavel souligne avec insistance dans ce passage, comme il le fait à plusieurs reprises dans les *Discorsi*, c'est que nous ne pouvons jamais espérer vivre en liberté sous le règne d'un prince. Il résulte de ce constat qu'il s'intéresse tout particulièrement à la manière dont ceux qui sont tombés en servitude pourraient être capables de recouvrer leur liberté. Tite-Live avait consacré au sujet un passage célèbre entre tous à la fin du livre XXX de son *Histoire*, au moment où il va mettre un point final à ses dix livres sur la guerre contre Hannibal, dont Scipion finit par triompher. Tite-Live évoque un homme de rang sénatorial, Quintus Terentius Culleo, un des Romains capturés et réduits en esclavage par les Carthaginois. Avec la victoire finale de Scipion, Culleo recouvra sa liberté, et Tite-Live rappelle (selon les termes de la traduction de Holland) que « tandis que Scipion conduisait son char de triomphe, *Q. Terentius Culleo* suivait, coiffé du bonnet de la liberté ; et par la suite, après pour toujours, tout le temps que dura sa vie, il l'honora (comme il lui convenait de le faire) et le reconnut comme l'auteur de sa liberté[62] ».

Dans l'esprit de Tite-Live, il n'est bien sûr question que du sort d'un citoyen individuel ainsi délivré de la servitude. Mais on admettait généralement qu'il était possible de parler dans les mêmes termes de la libération de communautés entières. Nous trouvons le reflet de cette affirmation dans l'art italien, à un stade aussi précoce que le Trecento puisqu'on en trouve un exemple important dans la fresque attribuée à Orcagna – aujourd'hui au Palazzo Vecchio, à Florence – montrant l'expulsion du duc d'Athènes de Florence en 1342 et la restauration du *vivere libero*. Le même thème revient dans les livres

---

59. Hobbes MS E. 1. A, p. 132.
60. Machiavel 1636, 2. 2, pp. 261, 263.
61. *Ibid.*, p. 260.
62. Tite-Live, XXX, 45.

Figure 6

d'emblèmes, où l'acte de libérer un peuple asservi est généralement symbolisé par la présence du *pilleus*, le bonnet de la liberté porté par les esclaves – nous l'avons vu chez Tite-Live – au moment de leur affranchissement[63]. André Alciat en fournit un exemple mémorable dans ses *Emblemata*, qui comportent une image de la *Respublica liberata* commémorant la fin de la tyrannie et le retour de la liberté dans la Rome antique *(figure 6)*[64]. La référence aux ides de mars permet d'identifier le tyran, à savoir Jules César ; les deux poignards

63. Parler de « *vocare ad pilleum* », c'était parler de l'acte d'affranchissement. Voir, par exemple, Sénèque, *Lettres à Lucilius*, t. II, texte établi par François Préchac et traduit par Henri Noblot, Paris, Les Belles Lettres, 1987, 47, 18, p. 22.
64. Alciat 1621, p. 641. Dans cette édition, qui comprend le commentaire de Claude Mignault, l'image a été regravée, ce qui a pour effet de clarifier plutôt que de modifier la morale déjà tirée par Alciat 1550, p. 163. Parmi les livres d'emblèmes dans lesquels le *pilleus* est utilisé pour symboliser liberté, citons Paradin 1557, p. 176 ; Simeoni 1562, f° 3ᵛ ; Ripa 1611, p. 313 ; Bruck 1618, pp. 57, 193 et Meisner 1623 *(figure 8)*.

rappellent comment Brutus et Cassius ont mis fin à sa tyrannie ; et la présence du *pilleus* témoigne de ce qu'ils ont libéré le corps politique de la servitude. Comme le déclare le premier vers du distique d'Alciat qui glose l'image : « César une fois parti, la liberté revint[65]. »

C'est à cette forme de libération que Machiavel s'intéresse lui aussi dans les *Discorsi*. Quand il se demande, dans les chapitres 16 et 17, si un peuple peut espérer quitter une forme monarchique de gouvernement pour une forme républicaine, il pose une équivalence entre cette transition et le fait de cesser de vivre « assujetti à un prince » pour être en mesure « de conserver la liberté »[66]. Il parle de tenter « de gouverner une multitude par la voie de la liberté ou par l'institution d'un prince », et il oppose les cités libres aux cités « vivant sous un prince »[67]. Par-dessus tout, il affirme qu'il n'est possible pour des personnes privées de vivre « librement » que si et seulement si elles vivent dans des républiques ou « États libres »[68]. On peut donc dire que, avec sa traduction des *Discorsi*, Edward Dacres fournit aux élites gouvernantes anglaises – à un moment où elles sont déjà profondément mécontentes de leur gouvernement – un exposé magistral de l'affirmation la plus explosive associée aux protagonistes des États libres : à savoir que, comme Machiavel l'exprime, ce n'est que si et seulement si un peuple « a en main les rênes de son gouvernement » qu'il peut être décrit comme vivant libre de toute servitude[69].

III.

Une des principales ambitions de Hobbes dans les *Éléments* est de résister à ces différentes traditions de la pensée constitutionnelle et de les faire reculer, en dépit de leur prestige. Il répond en premier aux penseurs qui, comme il le formule avec dédain, « ont inventé un gouvernement qu'ils pensent être un mélange des trois espèces

---

65. C'est l'explication fournie par la version originale de l'emblème. Voir Alciat 1550, p. 163 : « *Cæsaris exitio… libertate recepta* ».
66. Machiavel 1636, 1. 16, p. 81.
67. *Ibid.*, 1. 16, p. 84 ; 1. 17, p. 88.
68. Machiavel 1636, 1. 16, p. 83.
69. *Ibid.*, 1. 2, p. 8.

de souveraineté[70] ». À supposer que nous créions un tel mélange, réplique-t-il, « comment cette condition qu'ils appellent esclavage en serait-elle par là atténuée[71] ? » Si les trois parties du gouvernement sont en accord les unes avec les autres, alors nous restons « de façon aussi absolue leurs sujets que l'est un enfant vis-à-vis de son père ou un esclave vis-à-vis de son maître » ; si elles sont en désaccord, alors nous sommes laissés à nous-mêmes sans aucun souverain et nous revenons à la condition de la pure nature[72]. Mais cela revient à dire qu'une souveraineté divisée « ou bien ne produit aucun effet pour la suppression de la simple sujétion, ou bien elle introduit la guerre », ce qui est toujours le pire[73].

Hobbes revient sur ce problème dans le chapitre qu'il consacre à la dissolution des Républiques*, où il déclare que « s'il existait une République* où les droits de la souveraineté fussent divisés, nous devrions avouer avec Bodin, Lib. II. chap. I. *De Republica* qu'en toute justice elle ne devrait pas être appelée République*, mais corruption de République*[74] ». La raison en est, comme Bodin l'avait expliqué, que la « souveraineté est indivisible » par sa nature même[75], si bien que toute communauté dans laquelle plus d'une autorité a le droit de légiférer est nécessairement condamnée à la dissension. Les auteurs des livres d'emblèmes représentent parfois les querelles qui en résultent par l'image d'un combat entre deux figures royales dont l'enjeu est une trompe, une allusion évidente au fait que, dans l'Antiquité (comme Bodin l'avait observé), « les Magistrats, qui avoyent ceste puissance de faire assembler le peuple ou le Senat, faisoyent publier leurs mandements à son de trompe[76] ». La morale, telle que nous pouvons la lire par exemple dans les très monarchistes *Emblemata* de Gregorius Kleppisius de 1623, est que « de même que

---

70. Hobbes, *Éléments de la loi naturelle et politique, op. cit.*, II, 1, 15, p. 236.

71. *Ibid.*, II, 1, 16, p. 236.

72. *Ibid.*

73. *Ibid.*, pp. 236-237.

74. *Ibid.*, II, 8, 7, p. 318.

75. *Ibid.*, II, 1, 16, p. 237.

76. Bodin 1576, 3. 7, p. 390 : « Comme il se faisoit anciennement en Grece, & en Rome, quand les Magistrats, qui avoyent ceste puissance de faire assembler le peuple ou le Senat, faisoyent publier leurs mandements à son de trompe. » Voir aussi Bodin 1576, 3. 6, p. 373 sur la manière dont les consuls, à Rome, rendaient leurs édits publics « à son de trompe ».

deux personnes ne peuvent pas jouer de la même trompe, de même chaque royaume exige un roi unique » *(figure 7)*[77]. Hobbes souscrit pleinement à cette présentation de ce qu'il décrit comme « l'erreur concernant le gouvernement mixte[78] ». « La vérité, conclut-il, c'est que le droit de souveraineté est tel que celui ou ceux qui en disposent ne peuvent, même s'ils le veulent, en abandonner quelque partie et garder le reste[79]. » L'idée d'une monarchie mixte est donc moins une erreur qu'une impossibilité logique.

La principale préoccupation de Hobbes concerne cependant l'affirmation plus générale qu'il est toujours possible à un homme, tout soumis qu'il est à un gouvernement, de demeurer libre*. Ici il répond de son ton le plus catégorique. « La liberté est l'état de celui qui n'est pas sujet » ; mais quelle que soit la forme de gouvernement sous laquelle nous vivions, nous vivons nécessairement dans « la sujétion absolue » à un pouvoir souverain[80]. La prétention à vivre en homme libre* sous un gouvernement est donc balayée comme une pure contradiction dans les termes. Le dernier paragraphe des *Éléments* confirme que, quand nous parlons des différentes constitutions du pouvoir souverain, nous parlons en même temps des différents moyens par lesquels « la liberté de nature est restreinte[81] ».

De cette vérité inéluctable découle, selon Hobbes, qu'il est exclu que ce soit de liberté que parlent ceux qui évoquent la possibilité de vivre en homme libre* sous un gouvernement. Comme il y revient sans cesse, et avec insistance, il ne peut y avoir au sein des associations civiles « *aucune* exemption de la sujétion et de l'obéissance à l'égard du pouvoir souverain[82] ». Par conséquent quand ces auteurs parlent de rester en liberté sous un gouvernement, il va de soi que, « sous le simple nom de liberté », ils se réfèrent à quelque chose qui « apparaît sous la forme » de la chose sans être en fait la chose elle-même[83].

---

77. Kleppisius 1623. Le livre de Kleppisius n'a pas de pagination ni de marques de signature, mais l'image dont il s'agit est la trente-et-unième du livre. Pour un autre emblème du *mixtus status*, voir Sambucus 1566, p. 93.
78. Hobbes, *Éléments de la loi naturelle et politique, op. cit.*, II, 8, 7, p. 320.
79. *Ibid.*, p. 319.
80. *Ibid.*, II, 4, 9, p. 262 et II, 1, 15, p. 236.
81. *Ibid.*, II, 10, 10, p. 343.
82. *Ibid.*, II, 4, 9, p. 261 ; c'est moi qui souligne.
83. *Ibid.*, II, 5, 2, p. 269.

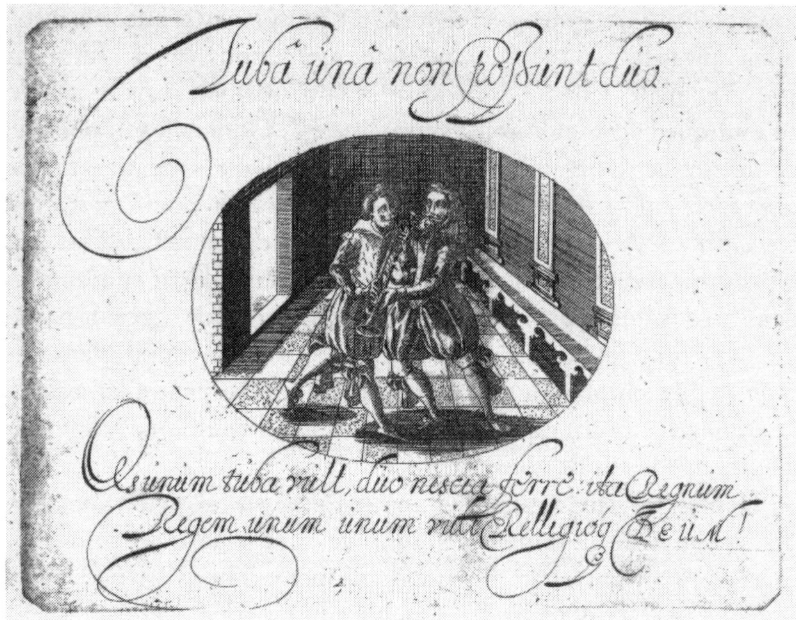

Figure 7

L'étape suivante le conduit donc à mettre en lumière ce dont ils parlent en réalité, et cela en reconstruisant leurs affirmations « selon l'intention de celui qui réclame[84] ».

Pour ce faire, Hobbes revient d'abord à ceux qui affirment que nous pouvons vivre en hommes libres* sous un gouvernement pourvu que nous vivions dans une démocratie ou dans un État libre. Ici, suggère-t-il, il est facile de reconstruire ce dont ils parlent réellement : ce n'est pas la liberté que ces penseurs ont en tête, mais la souveraineté. Pour justifier son interprétation, il examine le passage du livre VI de la *Politique* dans lequel Aristote avait réfléchi sur l'opinion courante selon laquelle la liberté n'est possible que dans des régimes qui se gouvernent eux-mêmes. Hobbes reconnaît à Aristote le mérite de « dire fort bien » que *« le fondement ou l'intention d'une démocratie est la liberté[85] »*. Si cela fait sens, cependant, ce n'est pas parce que nous pouvons espérer conserver notre liberté tout en nous

---

84. *Ibid.*, II, 8, 3, p. 314.
85. *Ibid.*

soumettant à un gouvernement. C'est plutôt parce que, en instituant une démocratie, nous ne nous soumettons pas de fait à un gouvernement. Chaque individu devient un sujet, mais le peuple en tant que corps endosse la souveraineté[86]. Quoiqu'il soit possible de décrire cette organisation politique en disant « *que personne ne peut avoir part à la liberté, sinon uniquement dans une République* populaire* » – Aristote lui-même le fait quand il se réfère à ce que « les hommes d'ordinaire disent » – ce qu'Aristote décrit en réalité va dans le sens que tout homme, dans une démocratie, devient partie prenante du pouvoir souverain[87]. Hobbes en tire la morale dans son style le plus emphatique : « Vu que la liberté ne peut aller avec la sujétion », il s'ensuit que « la liberté dans une République* n'est rien d'autre que le fait de gouverner et de régir »[88].

Hobbes en vient ensuite à examiner l'affirmation qu'il est possible de demeurer un homme libre* tout en étant soumis au gouvernement d'un roi souverain. Il s'amuse lui-même à nous offrir l'expression de son ébahissement. Les républicains ou « démocrates » avaient beau se tromper magistralement, s'écrie-t-il, il était au moins possible d'identifier le véritable sens de leur proposition : à savoir que la possession de la liberté présuppose le droit de participer au gouvernement. Mais que dire à quelqu'un qui « réclame la liberté » tout en vivant « dans un État monarchique, où le pouvoir souverain est absolument aux mains d'un seul homme »[89] ? Étant donné que nous sommes complètement assujettis au pouvoir souverain, comment pouvons-nous affirmer que nous sommes libres en même temps ?

Comme nous l'avons vu, les représentants légaux de Charles Ier avaient pour ainsi dire répondu à cette question devant la Chambre des communes : leur propos, rapidement résumé, revient à dire que, aussi longtemps que le souverain est fondamentalement limité par la loi du pays, rien n'empêche de vivre comme un homme libre* sous une monarchie. Cette argumentation devait être par la suite reprise et développée à la fin des années 1630 par un grand nom-

---

86. *Ibid.*, II, 1, 3, p. 229.
87. Hobbes, II, 8, 3, p. 314.
88. *Ibid.* Pour une interprétation très différente de ce passage, voir Hoekstra 2006b, pp. 214-216.
89. Hobbes, *Éléments de la loi naturelle et politique, op. cit.*, II, 8, 3, p. 314.

bre de monarchistes constitutionnels associés au «cercle de Great Tew», dont Edward Hyde et le vicomte Falkland, qui cherchaient l'un et l'autre à inciter Charles Ier à embrasser un idéal de monarchie limitée gouvernée par la loi[90]. Sans porter préjudice aux relations personnelles qu'il entretenait avec eux, ainsi qu'avec d'autres membres du «cercle de Great Tew», depuis 1636, date de son retour de France[91], Hobbes ne manque pas l'occasion, dans les *Éléments*, de dénoncer l'ensemble du projet de monarchisme constitutionnel dans les termes les plus véhéments. C'est une parfaite confusion, répond-il, de suggérer que tout authentique souverain puisse être jamais limité par la loi du pays. «Comment cet homme ou ces hommes peuvent-ils être dits assujettis aux lois qu'ils peuvent abroger à leur gré ou rompre sans crainte du châtiment[92]?» S'ils sont authentiquement souverains, «aucun commandement ne peut être pour eux une loi», si bien que la seule idée de souveraineté limitée n'est qu'une contradiction dans les termes[93].

Mais quels sont, sur la question, les arguments de Bodin et des autres théoriciens de la souveraineté? Comme nous l'avons vu, Bodin avait soutenu que le fait de conserver notre statut d'hommes libres* ne présentait aucune difficulté, pour peu que nous vivions sous une forme «légale» *(lawful)* de monarchie, respectant notre liberté et notre propriété. C'est seulement si nous sommes gouvernés par un monarque «seigneurial» *(lordly)*, ou par un prince tyrannique qui «abuze de la liberté des francs sugets, comme de ses esclaves» que notre condition d'homme libre* nous est confisquée et que nous tombons dans la servitude[94]. La réponse de Hobbes est que même cette conception de la souveraineté va trop loin dans la concession et la recherche du compromis. Il refuse de marquer quelque distinction que ce soit entre monarchies «légales» et «seigneuriales», et il considère que c'est un trait des monarchies et non pas des tyrannies que les princes aient un droit de propriété sur les

---

90. Sur le royalisme «constitutionnel» de Hyde et Falkland à cette date, voir Smith 1994, pp. 3-5, 62-71.

91. Sur Hobbes et le «cercle de Great Tew», voir Tuck 1993, pp. 272, 305 ; Dzelzainis 1989 ; Parkin 2007, pp. 21, 24-25.

92. Hobbes, *Éléments de la loi naturelle et politique, op. cit.*, II, 8, 6, p. 317.

93. *Ibid.*, p. 318.

94. Bodin 1576, 2. 4, p. 245 parle de «monarchie tyrannique».

sujets. La « propriété », comme il le résume sèchement, « étant dérivée du pouvoir souverain ne doit pas être invoquée contre lui »[95].

Pour Hobbes, par conséquent, le mystère demeure : quel sens cela a-t-il d'affirmer être un homme libre* tout en vivant sous une monarchie, dans laquelle la souveraineté et tous les droits qu'elle implique seront inévitablement entre les mains du roi en personne ? Derrière leur pensée, s'il faut aller au fond des choses, il n'y a, propose-t-il, que leur incapacité à se penser eux-mêmes comme des sujets ; ce qu'ils demandent en réalité, c'est de « disposer de la souveraineté » ou bien « de changer la monarchie en une démocratie[96] ». Il récuse cependant cette hypothèse aussitôt qu'il l'a formulée, préférant chercher à identifier l'intention sous-jacente de ceux qui parlent de liberté dans ce sens. De toute évidence, affirme-t-il, ce n'est pas du tout la liberté qu'ils entendent par là, mais une sorte d'espoir social qui tend à naître parmi ceux qui instituent des Républiques* par opposition à ceux qui sont obligés, par la force, à se soumettre.

Telle est la ligne de pensée que Hobbes suit au chapitre 23 des *Éléments*. « Celui qui s'assujettit de lui-même sans y être contraint », postule-t-il, sera enclin à penser que c'est là « une raison pour être mieux traité que celui qui le fait sous la contrainte »[97]. En particulier, il aura tendance à espérer, et même à l'attendre comme son dû, être récompensé par l'octroi d'une position d'honneur et de responsabilité dans la République*. C'est bien cela qu'il veut dire, en fait, quand il « s'appelle lui-même, bien qu'en état de sujétion, un HOMME LIBRE*[98] ». Comme Hobbes l'ajoute ensuite, il ne réclame qu'une chose et « rien de plus que ceci : que le souverain remarque son aptitude et son mérite, et l'installe dans un emploi[99] » : un ensemble de réflexions dont la lecture ne dut pas manquer de blesser des ambitieux comme Hyde ou Falkland qui aspiraient à devenir des conseillers.

---

95. Hobbes, *Éléments de la loi naturelle et politique, op. cit.*, II, 5, 2, p. 270. Cela demeure inébranlablement la doctrine de Hobbes. Pour son ultime formulation, voir Hobbes 2005, pp. 34-35.

96. Hobbes, *Éléments de la loi naturelle et politique, op. cit.*, II, 8, 3, p. 314.

97. *Ibid.*, II, 4, 9, p. 261.

98. *Ibid.*

99. *Ibid.*, II, 8, 3, pp. 314-315.

Ayant démasqué la vanité de ces *liberi homines*, Hobbes est prêt pour sa conclusion meurtrière, qui dut faire retomber le soufflé de leurs ambitions.

> Par conséquent, la liberté dans les Républiques* n'est rien que l'honneur d'une égalité de faveur avec d'autres sujets. La servitude est l'état des autres. Par conséquent, un homme libre peut attendre des emplois d'honneur, mieux qu'un serviteur. Et c'est là tout ce qui peut être compris par liberté du sujet. En effet, dans tous les autres sens, la liberté est l'état de celui qui n'est pas sujet[100].

Ici Hobbes, une fois encore, prend ses distances par rapport à la défense juridique de la monarchie absolue popularisée par Bodin et ses épigones, pour se rapprocher de plus en plus dangereusement des partisans les plus intransigeants du droit divin des rois[101].

Le dernier mot de Hobbes sur ces *soi-disant*[102] hommes libres* fait entendre une note d'hostilité qu'il s'autorise volontiers quand il parle de la noblesse et de l'aristocratie[103]. Sous une monarchie absolue, souligne-t-il, il y a peu de positions au service de la République* qui soient ouvertes aux sujets (et c'est une bonne chose du reste, insinue-t-il toujours). Il en résulte que le mécontentement se fait entendre dans les rangs de ceux qui sont conditionnés pour attendre de tels avancements. Ils « en font grief à l'État » et souffrent « d'un sentiment de manque à l'égard de ce pouvoir, ainsi qu'à l'égard de l'honneur et du témoignage qui accompagnent ce pouvoir, dont ils pensent qu'ils leur sont dus »[104]. Pire encore, ils se rendent compte qu'ils sont traités comme de purs sujets, sur le même plan que tous les autres, y compris leurs propres serviteurs. « Et c'est ce qui fait », conclut brutalement Hobbes, « qu'ils ne se croient considérés que comme des esclaves »[105]. Tous leurs propos sur l'esclavage et la servitude ne sont guère que du *ressentiment*[106] aristocratique.

---

100. *Ibid.,* II, 4, 9, pp. 261-262.
101. Sommerville 1996, pp. 254-255 souligne ce point.
102. En français dans le texte *(NdT)*.
103. Sur la complexité de l'attitude de Hobbes vis-à-vis de l'aristocratie, voir l'étude classique, mais toujours précieuse de Thomas 1965.
104. Hobbes, *Éléments de la loi naturelle et politique, op. cit.*, II, 8, 3, p. 314.
105. *Ibid.*
106. En français dans le texte *(NdT)*.

4.

De cive : liberté définie

I.

En faisant circuler le manuscrit des *Éléments de la loi naturelle et politique* en mai 1640[1], Hobbes choisit de proclamer ses convictions absolutistes et son allégeance à ce parti à un moment extrêmement tendu de la dispute entre la Couronne et le Parlement. Après les débats crispés autour de la Pétition des droits en 1628 et après la brève et chaotique session parlementaire de l'année suivante, Charles Ier et ses ministres prirent la décision d'imposer un système de pouvoir personnel. Ils réussirent à faire durer cette politique pendant presque onze ans, mais à l'automne 1639 la Couronne se retrouva aux prises de difficultés financières si graves qu'un nouveau Parlement dut être convoqué. Dans l'intervalle, le gouvernement, qui avait bien l'intention de trouver une solution et de lever des subsides sans s'adresser au Parlement, s'était permis des utilisations encore plus controversées de la prérogative royale, dont la plus odieuse avait été l'extension du *ship-money*[2] payé par les ports maritimes à une

---

1. L'Épître dédicatoire est signée : « 9 mai 1640 ». Voir Hobbes, *Éléments de la loi naturelle et politique, op. cit.*, p. 79, et pour des informations sur la circulation du manuscrit, voir Hobbes 1840b, p. 414 : « M. Hobbes considéré dans sa loyauté, sa religion, sa réputation et ses mœurs », in *Hérésie et histoire*, introduction, traduction, notes, glossaires et index par Franck Lessay, Paris, Vrin, 1993, pp. 89-114, ici p. 90.
2. Charge des ports maritimes à l'égard du roi consistant, en cas de guerre, à équiper un certain nombre de bateaux ou à en verser l'équivalent en espèces *(NdT)*.

contribution générale prélevée dans tout le royaume. Il en résulta que le Court Parlement *(Short Parliament)* qui se réunit finalement en avril 1640 remit en débat, avec plus d'urgence encore, la question de la subversion de la liberté qu'entraînait implicitement la politique du gouvernement. Les orateurs dénoncèrent l'un après l'autre la façon dont la prérogative était utilisée pour « vider de leur substance les lois du royaume », pour « attaquer la liberté du sujet de façon contraire à la Pétition des droits » et pour introduire une condition de servitude générale[3].

Hobbes avait espéré être là en personne pour faire ses propres commentaires sur ces critiques, car son nom avait été avancé par le comte du Devonshire au tout début des années 1640 comme possible membre du Parlement pour la circonscription de Derby[4]. Ce fut cependant peut-être une bonne chose que sa candidature ait échoué, et donc qu'il ne fût pas en mesure d'annoncer aux Communes – comme il l'avait fait dans les *Éléments* – que leurs récriminations n'étaient guère plus que des expressions de dépit aristocratique. Il est peu probable qu'elles eussent été d'humeur à entendre leurs doléances balayées avec tant de condescendance. Après l'échec du gouvernement à apaiser leur anxiété, ils refusèrent tout de go de voter les subsides qui leur étaient demandés ; et, quand un nouveau Parlement fut convoqué en novembre 1640, la même discussion revint sur le tapis, et le débat s'enflamma autour de ce qu'ils jugeaient être la subversion de leur liberté. À peine les cérémonies d'ouverture furent-elles achevées que John Pym se dressa pour attaquer « l'injustice immense et sans précédent du *ship-money* » et l'imposition arbitraire que constituait sa levée sur le peuple[5]. Il fut suivi par toute une série d'orateurs qui, chacun à leur façon, rappelèrent à la Chambre que, selon l'expression d'Edward Bagshaw, ils étaient des *liberi homines* qui ne devaient pas être traités comme des *villani*[6]. Sir John Holland parla des « dernières inondations de la prérogative royale, qui se sont déversées et

---

3, Cope et Coates 1977, pp. 136, 137, 140, 142-143.
4. Warrender 1983, p. 4 ; cf. Skinner 1996, pp. 227-228.
5. Cobbett et Hansard 1807, p. 641.
6. *Ibid.*, p. 649.

et ont presque submergé nos libertés[7] ». Sir John Culpepper avertit que si le roi peut « imposer ce que bon lui semble quand bon lui semble, c'est au roi que nous devons ce qui nous reste, et non pas à la loi[8] ». Lord Digby conclut de façon théâtrale que « nos libertés, l'esprit et l'essence même de notre bonheur, qui nous distinguent des esclaves et font de nous des Anglais, nous sont arrachées[9] ».

Ce fut aussi le moment que choisit Henry Parker, le plus redoutable champion de la cause parlementaire, pour franchir un pas supplémentaire avec son pamphlet intitulé *The Case of Shipmony (L'Affaire du ship-money)*, qu'il fit paraître dans les premiers jours de novembre 1640 pour coïncider avec l'ouverture du Long Parlement *(Long Parliament)*[10]. Comme Culpepper, Parker objecte que l'imposition du *ship-money* se fonde sur le principe que « la volonté du prince est la loi » et que le roi « peut accabler le royaume de charges à sa guise, même contre l'assentiment de ses sujets »[11]. Car le seul fait que le roi revendique son pouvoir, prétend Parker, revient à faire dépendre ses sujets de sa volonté, et cela les réduit à une condition de servage et de servitude. Alors que Hobbes avait démontré, dans les *Éléments*, que posséder le pouvoir souverain ce n'est « rien d'autre que détenir son usage, lequel dépend uniquement du jugement et du décret de celui ou de ceux qui le détiennent[12] », Parker conteste cette argumentation en affirmant que, s'il est laissé au « seul jugement indiscutable » du roi d'« imposer des charges, aussi souvent et aussi fortes qu'il lui plaît », cela fera de nous « les esclaves les plus abjects du monde entier »[13]. Si la Couronne « ne connaît pas d'autres limites que son propre vouloir », alors « cette invention du *ship-money* nous rend aussi serviles que les Turcs »[14].

Hobbes avait admis que cette forme de servitude est effectivement inhérente à la condition de sujets, tout en soutenant que nous sommes obligés de consentir à perdre notre liberté si nous voulons

---

7. *Ibid.*, p. 648.
8. *Ibid.*, p. 655.
9. *Ibid.*, p. 664.
10. Pour une analyse complète, voir Mendle 1995, pp. 32-50.
11. [Parker] 1640, pp. 5, 17.
12. Hobbes, *Éléments de la loi naturelle et politique, op. cit.*, II, 1, 9, p. 231.
13. [Parker] 1640, p. 21.
14. *Ibid.*, p. 22.

vivre en paix. Parker reprend à son compte l'argument de façon frappante. Ce qui rend un tel pouvoir absolu intolérable, proteste-t-il, est qu'il est « incompatible avec la liberté du peuple[15] ». Partout où nous voyons « toutes les lois assujetties à la seule discrétion des rois », là « toute liberté est abolie ». Cette solution ne vaut donc guère mieux qu'une « pratique frauduleuse fomentée contre l'État », puisqu'elle fait passer par pertes et profits le fait que le peuple d'Angleterre est un peuple libre dont la propriété doit être respectée et dont les chartes de liberté doivent être perpétuées[16].

Là où sir Thomas Hedley, une génération auparavant, avait seulement déploré l'asservissement qu'impliquait la politique de la Couronne[17], Parker fait entendre une note autrement inquiétante. Nous ne pouvons attendre d'un peuple né libre qu'il permette à son prince de « fouler aux pieds la liberté du peuple » et d'« abolir toute liberté et propriété des biens »[18]. Ces mesures suscitent la désaffection du peuple et « détournent les cœurs », autant qu'elles « débilitent les mains et vident les bourses des sujets »[19]. Parker termine en assénant toute une série de menaces à peine voilées. « Ces rois », avertit-il, « qui ont été les plus avides d'un pouvoir immodéré sans bornes » ont généralement connu « une fin misérable et violente »[20]. Il est presque certain, par exemple, que l'oppression et la perte de liberté dont souffre alors le peuple de France provoqueront le retour de la guerre civile[21]. Quant à la leçon à en tirer, la monarchie anglaise n'avait guère besoin qu'on lui mette les points sur les i.

Aussitôt que le Parlement se fut réuni, ses membres ne trouvèrent pas de meilleure manière de manifester leur désaffection qu'en attaquant un certain nombre de théoriciens du droit divin qui s'étaient exprimés en faveur de la politique absolutiste de la Couronne. Roger Maynwaring était de loin le plus connu d'entre eux, en partie parce qu'en sa qualité de chapelain de Charles Ier

---

15. *Ibid.*, p. 2 ; cf. pp. 8, 28.
16. *Ibid.*, pp. 4, 21, 24, 27, 39-40.
17. Foster 1966, vol. 2, pp. 191-195.
18. [Parker] 1640, pp. 7, 40.
19. *Ibid.*, pp. 28, 39.
20. *Ibid.*, p. 44.
21. *Ibid.*, pp. 44, 46.

il avait publié deux sermons, en 1627, sous le titre *Religion and Alegiance [Religion et allégeance]*, dans lesquels il avait revendiqué le droit du roi à imposer l'emprunt forcé de 1626. Le Parlement lança une procédure d'accusation contre lui en juin 1628 et le fit jeter en prison, mais Maynwaring fut aussitôt pardonné par le roi, qui le gratifia de toute une série de bénéfices ; il devait enfin être nommé en 1636 évêque de Saint-David[22]. À présent les deux Chambres se retournaient à nouveau contre lui. Sir Benjamin Rudyard, s'adressant aux Communes en avril 1640, fit une allusion cryptique à ces partisans du roi « qui lui disent que sa prérogative est au-dessus de toutes les lois et que ses sujets sont des esclaves[23] ». Aussitôt après, les Lords cherchèrent à rouvrir le procès contre Maynwaring[24], et les deux Chambres le condamnèrent à titre personnel pendant qu'ils énuméraient leurs « doléances contre les privilèges du Parlement »[25]. John Pym, dans son discours inaugural devant le Long Parlement, éreinta Maynwaring parce qu'il « prétendait que le roi disposait d'une autorité divine et d'un pouvoir absolu d'en user avec nous comme il le voulait[26] », et Henry Parker déplora de la même façon, dans son *Case of Shipmony*, que « *Manwarring* non seulement nie le pouvoir et la dignité du Parlement », mais en plus affirme que « les rois jouissent d'une autorité sans bornes »[27]. Au début de 1641, le Long Parlement décida de préparer une requête pour annuler la grâce de Maynwaring, ce qui le poussa à partir se cacher et à trouver refuge en Irlande[28].

Il est fort possible que Hobbes ait lu le *Case of Shipmony* de Parker aussitôt après sa parution. Le pamphlet de Parker venait juste de paraître quand il accompagna la famille Cavendish à Londres pour assister à l'ouverture du Long Parlement ; et il habita Devonshire House dès les premiers jours de novembre 1640[29]. Mais, que Hobbes l'ait lu ou non, ce fut à ce moment qu'il prit

---

22. Sommerville 1999, pp. 122-123.
23. Cope et Coates 1977, pp. 140, 142.
24. *Ibid.*, p. 239.
25. *Ibid.*, p. 245.
26. Cobbett et Hansard 1807, p. 643.
27. [Parker] 1640, pp. 33-34.
28. *Journals* 1642, p. 91, col. 1.
29. Hobbes 1994, vol. 1, p. 114.

soudain conscience du fait que ses propres idées sur la souveraineté absolue pouvaient le mettre gravement en péril. La principale source de son inquiétude, comme il l'expliqua plus tard à John Aubrey, était qu'il savait fort bien que «l'évêque Maynwaring (de Saint-David) avait prêché sa doctrine, ce pourquoi, parmi d'autres, on l'avait emprisonné à la Tour[30]».

La comparaison que Hobbes établit entre Maynwaring et sa propre personne peut à première vue sembler farfelue. Hobbes répète dans toutes les versions de sa théorie politique que les sujets n'ont pas d'autres obligations que celles qui naissent des conventions qu'ils ont personnellement passées et donc de leur propre consentement. Maynwaring avait en revanche défendu le pouvoir de la Couronne d'agir sans le consentement du peuple, arguant que le roi a un droit divin à gouverner selon sa volonté et que le peuple a un devoir religieux à obéir quel que soit l'ordre qu'il puisse lui imposer. Si nous nous penchons pourtant sur le tout début du premier sermon de Maynwaring, une des raisons de l'anxiété de Hobbes nous apparaît clairement. Une affirmation clé des *Éléments* était que «la sujétion de ceux qui instituent une République* entre eux n'est pas moins absolue que la sujétion des serviteurs[31]». Maynwaring commence en énonçant précisément la même doctrine. La relation entre les sujets et les souverains, reconnaît-il, n'est pas différente de la «nécessaire dépendance du Serviteur par rapport à son Seigneur», avec le résultat que tous les monarques ne sont pas seulement les rois, mais aussi les seigneurs de ceux qu'ils gouvernent[32].

Hobbes peut aussi s'être rendu compte, au vu de la férocité de l'attaque contre le *ship-money*, que ses observations dans les *Éléments* sur le droit incontestable des souverains d'imposer des taxes à leurs sujets étaient susceptibles de lui causer des ennuis bien plus graves encore. Dans le chapitre 27 des *Éléments*, il s'était explicitement référé à ceux qui, «lorsqu'il leur est commandé de contribuer, par leur personne ou par leur argent, au service

---

30. Aubrey 1898, vol. 1, p. 334 ; «Vie de Thomas Hobbes», contenue dans *De cive ou les Fondements de la politique, op. cit.*, p. 9.
31. Hobbes, *Éléments de la loi naturelle et politique, op. cit.*, II, 4, 9, p. 261.
32. Maynwaring 1627, pp. 3-4. Sur Maynwaring et Hobbes, voir Metzger 1991, pp. 51-53.

public », répondent en affirmant qu'« ils disposent d'une propriété de leur personne ou de leur argent distincte de celle issue de la domination du pouvoir souverain ; ils pensent, par conséquent, qu'ils ne sont pas obligés de contribuer par leurs biens et par leur personne, chacun plus qu'il ne lui semblera bon de le faire »[33]. Sa réponse avait été aussi intransigeante que possible. Il ne se contenta pas de fustiger l'argument, déprécié comme une erreur évidente et imputé à un échec pur et simple à reconnaître « l'absoluité de la souveraineté[34] ». Il alla jusqu'à le décrire comme séditieux, impliquant même que ceux qui propageaient de telles idées méritaient la mort réservée aux traîtres[35].

Il semble que Hobbes, réfléchissant sur ce qu'il risquait si ces opinions étaient rendues publiques, se soit laissé gagner par la panique. Comme il l'expliqua peu après dans une lettre à lord Scudamore[36], la leçon qu'il tira des premières semaines de novembre 1640, c'est que quiconque soutenait sa position était susceptible d'être traduit en justice et condamné par le nouveau Parlement. À peine en eut-il pris conscience, écrit-il à Scudamore, qu'il fut « brutalement saisi » par la résolution de fuir le pays, et il ne lui fallut pas trois jours pour le quitter en toute hâte et s'embarquer pour la France. Il laissa même ses biens sur place, demandant qu'on les fasse parvenir plus tard[37]. Il élut domicile à Paris avec son ami Charles du Bosc. L'avenir lui apprendrait que son séjour à l'étranger devait se prolonger pendant onze ans[38].

II.

Aussitôt que Hobbes fut installé en exil, il entreprit de mener à bien la toute première tâche qu'il s'était fixée, à savoir réviser les *Éléments* avec l'intention de les publier. Il commença par se concentrer sur la

---

33. Hobbes, *Éléments de la loi naturelle et politique, op. cit.*, II, 8, 4, p. 316.
34. *Ibid.*, II, 8, 8, p. 320.
35. *Ibid.*, II, 8, 1, p. 312.
36. Atherton 1999, pp. 52-3 précise que Hobbes avait rencontré Scudamore à Paris au milieu des années 1630, quand ce dernier était ambassadeur en France.
37. Hobbes 1994, vol. 1, pp. 114-115.
38. Sur Hobbes et du Bosc, voir Malcolm 1994, pp. 795-797.

seconde moitié de son manuscrit qu'il s'employa à traduire en latin, en le révisant et en le développant au fur et à mesure. Il semble qu'il soit arrivé au terme de son entreprise en novembre 1641[39], et l'ouvrage qui en résulta fut imprimé à Paris en avril 1642. Fidèle à son intention initiale d'écrire les éléments de la philosophie en trois parties – *Corpus, Homo, Civis* – Hobbes donna à son livre le titre quelque peu encombrant de *Elementorum Philosophiæ Sectio Tertia De cive*, signifiant par là la place qu'il occupait dans son projet de trilogie[40]. C'est seulement quand il le fit reparaître, en 1647, dans une forme révisée et augmentée, qu'il en raccourcit le titre pour lui donner celui sous lequel il est connu depuis cette date, le *De cive*.

Hobbes apporte un certain nombre de changements au propos qu'il avait développé dans les *Éléments*, et l'un des plus importants est assurément le fait qu'il introduit une nouvelle analyse du concept de liberté. Cette évolution n'apparaît pas de prime abord cependant, car les premiers chapitres du *De cive* commencent par une reformulation de son propos antérieur. Il est vrai qu'il introduit de multiples modifications et améliorations, mais elles sont de faible portée, et il est frappant que, malgré l'utilisation du latin, il manifeste un nouvel intérêt à donner à sa théorie un tour plus accessible, faisant notamment appel à un grand nombre d'adages et d'expressions popularisés par les auteurs de livres d'emblèmes. Il n'empêche que, si nous nous concentrons d'abord sur les huit premiers chapitres du *De cive*, nous nous trouvons face à une série de propositions sur la liberté d'action et la liberté naturelle qui nous sont largement familières du fait des sections correspondantes des *Éléments*.

Le *De cive* commence par un exposé en tous points semblable, quoique fortement abrégé, de la liberté et de la délibération, un sujet sur lequel Hobbes revient au cours de son examen des contrats et des conventions au chapitre 2. Comme précédemment, il indique que nous restons libres tout le temps que nous délibérons ; que la

---

39. Voir Hobbes 1983, p. 76 pour l'Épître dédicatoire qui est datée du 1er novembre 1641. Pour les citations du *De cive*, j'ai préféré traduire moi-même, mais pour une traduction moderne complète, voir Hobbes 1998. Rappelons que les traductions du *De cive* latin ne reposent, selon la volonté expresse de Quentin Skinner, sur aucune version française préexistante *(NdT)*.

40. Hobbes 1642 ; cf. Hobbes 1983, opp. p. xiv. Pour la date de publication précise, voir Warrender 1983, p. 40.

Figure 8

volonté est le nom de notre ultime acte de délibération ; et que l'acquisition d'une volonté d'agir ou de nous abstenir d'agir met fin à notre liberté[41]. Il n'y a là rien de neuf, si ce n'est un important détail sur lequel Hobbes modifie la formulation de son propos. Dans les *Éléments*, il avait soutenu que la racine de « délibérer » est *deliberare*, « le retrait de notre liberté propre[42] ». Selon une acception plus courante cependant, le terme dérive de *librare*, « peser dans une balance ». Nous rencontrons cette étymologie dans de nombreux livres d'emblèmes, qui décident souvent de représenter l'acte de choisir par le symbole d'une *libra*, une balance à deux plateaux. Nous avons déjà rencontré cette image dans le *Emblematum Liber* de Boissard de 1593, et nous découvrons une série plus complexe de calembours visuels sur *liber* et *libra* dans le *Thesaurus* de Meisner de 1623 – un autre ouvrage qui pouvait être à la disposition de Hobbes dans la bibliothèque de Hardwick *(figure 8)*[43]. Il est frappant que, dans l'analyse de la délibération selon le *De cive*, Hobbes s'aligne maintenant sur la conception la plus courante de ce que

---

41. Hobbes 1983, 2. 10 et 2. 14, pp. 102-104.

42. Hobbes, *Éléments de la loi naturelle et politique, op. cit.*, I, 12, 1, p. 165.

43. Meisner 1623, image 13. Ici les calembours se multiplient, car ce que nous voyons est un homme libre* *(liber)* en train de soupeser *(librare)* les avantages et les inconvénients respectifs d'une vie de famille avec des enfants *(liberi)* et d'une vie consacrée aux livres *(libri)*. Sur la présence de cet ouvrage dans la bibliothèque de Hardwick et l'hypothèse que Hobbes ait pu y avoir accès, voir ci-dessus, chapitre 1, note 41.

cela signifie par rapport à l'acte de choix, déclarant explicitement que « la délibération n'est rien d'autre que la pesée de quelque chose comme dans une balance[44] ».

Les premières sections du *De cive* offrent également un exposé familier de ce que Hobbes décrit dans le chapitre 7 comme *libertas naturalis*, la liberté caractéristique de l'état de nature[45]. La liberté dont nous jouissons « avant de nous unir en société[46] » est une nouvelle fois définie comme « la liberté que chacun a d'utiliser ses facultés naturelles » pour poursuivre ses propres fins[47]. Hobbes soutient au début que l'exercice de cette liberté est une tendance naturelle. « Chacun se porte par une nécessité naturelle non moins puissante que celle par laquelle une pierre se porte vers le bas vers la recherche de ce qui lui semble Bon, et vers la fuite de ce qui lui semble mauvais, et surtout de la fuite de la mort, qui est le plus grand des maux naturels[48]. » Comme dans les *Éléments* cependant, le propos fondamental de Hobbes est que l'exercice de cette liberté est un droit naturel. Une fois encore, il arrive à cette conclusion en tournant astucieusement la doctrine scolastique pour lui faire dire qu'agir librement est toujours une affaire d'agir selon la droite raison. « Tous s'accordent », écrit-il, « pour dire que ce qui n'est pas fait contrairement à la raison droite est fait justement et de *droit* »[49]. Mais il est clair qu'il « n'est ni répréhensible ni contraire à la raison droite de donner tous ses soins à défendre et conserver son propre corps et ses membres contre la mort et la souffrance[50] ». La liberté d'exercer notre pouvoir selon notre volonté doit donc être un droit naturel, et Hobbes va jusqu'à conclure que « sous le terme *droit*, on

---

44. Hobbes 1983, 13. 16, p. 204 : *« deliberatio… est… tanquam in bilance ponderatio »*.

45. Voir *ibid.*, 7. 18, p. 159 ; cf. 8. 2, p. 160.

46. Voir *ibid.*, 1. 12, p. 96 sur notre *« status […] antequam in societatem coiretur »*.

47. Hobbes 1983, 1. 7, p. 94 : *« libertas quam quisque habet facultatibus naturalibus […] utendi »*.

48. *Ibid.* : *« Fertur enim unusquisque ad appetitionem eius quod sibi Bonum, & ad Fugam eius quod sibi malum est, maxime autem maximi malorum naturalium, quæ est mors ; idque necessitate quadam naturæ, non minore quam qua fertur lapis deorsum. »*

49. *Ibid.* : *« Quod autem contra rectam rationem non est, id iuste, & Iure factum omnes dicunt. »*

50. *Ibid.* : *« neque reprehendendum, neque contra rectam rationem est, si quis omnem operam det, ut a morte & doloribus proprium corpus & membra defendat ».*

ne veut rien dire d'autre que la liberté que chacun a d'utiliser ses facultés naturelles selon la raison droite[51] ».

Comme dans les *Éléments*, Hobbes soutient aussi que, si nous nous cramponnons à cette liberté naturelle, nous nous retrouverons à vivre dans un état de guerre et que ce sera de fait un *bellum omnium in omnes*, une guerre de tous contre tous[52]. La raison en est que, non seulement nous avons un droit égal à toutes choses, mais que nous tendons de surcroît à désirer les mêmes choses, alors que pour la plupart d'entre elles nous ne pouvons pas espérer les partager, si bien que nous sommes en plus voués à rivaliser pour ces ressources peu abondantes dans les conditions de l'égalité[53]. Hobbes congédie avec dédain l'affirmation aristotélicienne inverse à la sienne, selon laquelle « l'homme est un animal né apte à la société[54] ». Il n'y a aucune apparence, rétorque-t-il, qu'une multitude d'individus vivant dans un état de pure nature soit jamais capable d'établir une coopération mutuelle en amitié et paix.

La seule addition que Hobbes fasse ici à cette partie de son propos est qu'il tente de la résumer dans un style plus accessible. Les auteurs des livres d'emblèmes avaient tendance à présenter comme une conséquence du *tot sententiæ* la difficulté de convaincre les gens de vivre ensemble en paix. Ils avaient en fait soutenu qu'il y aura toujours autant d'opinions en conflit qu'il y a d'individus membres de la multitude, souvent figurée comme un monstre à mille têtes, éminemment brutal. Nous trouvons une illustration iconologique de ce *topos* dans les *Emblemas Morales* de Sebastian de Covarrubias, un des livres d'emblèmes que Hobbes avait à sa disposition dans la bibliothèque de Hardwick *(figure 9)*[55]. Hobbes reprend le même *topos* et le développe dans plusieurs passages du *De cive*. Il parle au chapitre 5 de ce que les hommes « sont si divisés dans leurs *senten-*

---

51. *Ibid. :* « *Neque enim* Iuris *nomine aliud significatur, quam libertas quam quisque habet facultatibus naturalibus secundum rectam rationem utendi.* »
52. Voir Hobbes 1983, 1. 12, p. 96 pour la formule « *bellum omnium in omnes* ». Cette affirmation suffira à elle seule à faire mettre le *De cive* à l'Index en 1649. Fattori 2007 reproduit les documents en question, à commencer par l'objection (p. 96) que l'affirmation « *quod hominum conditio in statu naturæ sit status belli* » est « *monstrosa dicta* ».
53. Hobbes 1983, 1. 3, p. 93 ; 1. 6, p. 94.
54. *Ibid.*, 1, 2, p. 90 : « *Hominem esse animal aptum natum ad Societatem.* »
55. Covarrubias 1610, p. 74.

Figure 9

tiæ qu'ils s'opposeront toujours les uns aux autres » plutôt que de
se porter assistance[56], et il cite plus loin l'adage *tot sententiæ* pour
expliquer pourquoi il en va de la survie d'une multitude qu'elle ait

____

56. Hobbes 1983, 5. 4, p. 131 : *« propterea quod distracti sententiis impedimento invicem
erunt »*.

Figure 10

une volonté unique pour la représenter, ce qui vaut autant pour les membres d'une Église que pour les sujets d'un État[57].

Hobbes poursuit alors pour expliquer dans des termes plus positifs pourquoi il est essentiel que nous abandonnions notre liberté naturelle. Comme auparavant, il affirme que c'est le seul moyen que nous ayons pour obtenir ce que nous désirons par-dessus tout de la vie. Dans les *Éléments*, il avait précisé la nature de ces désirs : il s'agit du souhait de vivre en sécurité et de jouir des bienfaits de la paix sous la forme des ornements et des conforts de la vie[58]. Ces sentiments trouvent un écho dans le *De cive*, mais il est frappant de voir qu'une fois encore Hobbes les exprime dans un style plus clair et plus populaire. Les auteurs de livres d'emblèmes s'étaient plu à parler des *pacis fructus*, les «fruits de la paix», sur le mode du calembour, en les faisant déborder d'une corne d'abondance dans la généreuse profusion que seule la paix peut offrir *(figure 10)*[59].

57. *Ibid.*, 17. 20, p. 266 : « *tot sententiæ [...] quot capita* ».
58. Hobbes, *Éléments de la loi naturelle et politique, op. cit.*, I, 14, 12, p. 181 ; I, 19, 5, p. 221 ; II, 5, 1, p. 267.
59. Haecht Goidtsenhoven 1610, p. 11. Pour d'autres exemples, voir Alciat 1550, p. 192 ; Junius 1566, p. 12 ; Holtzwart 1581, p. 63 ; Ripa 1611, p. 166.

Hobbes reprend à son tour cette imagerie, stigmatisant la liberté de l'état de nature comme « infructueux[60] » et soulignant que « hors de la République*, personne n'a l'assurance du fruit de son activité[61] », alors qu'en revanche, « dans la République*, chacun jouit en toute sécurité des fruits de son droit limité[62] ».

Quelqu'un a-t-il jamais vécu dans un état de liberté naturelle ? Dans les *Éléments*, Hobbes avait répondu que « nos ancêtres, les vieux habitants de Germanie et d'autres pays maintenant civilisés » avaient, à l'origine, connu ce mode de vie[63]. La discussion du *De cive* suit globalement cette même ligne de pensée. Hobbes répète que « dans les temps anciens, il y avait bien des nations, qui sont aujourd'hui civiles et florissantes, dont les membres étaient alors peu nombreux, sauvages et voués à une vie brève[64] ». À cela il ajoute qu'ils étaient « non seulement pauvres et hostiles les uns envers les autres, mais encore dépourvus de la consolation et beauté de la vie que la *paix* et la société procurent d'ordinaire[65] ». La seule différence significative entre les deux présentations est que, dans le *De cive*, Hobbes étoffe ses précédentes observations sur l'expérience des nations primitives par l'affirmation spécifique que « les peuples de l'Amérique nous donnent l'exemple de cette forme de vie jusqu'à aujourd'hui[66] ».

Hobbes fait toutefois un ajout notable à cet argument qui, là encore, reflète son désir évident d'exposer sa théorie dans un style plus accessible. Il nous offre maintenant, sur la page de titre du *De cive*, une évocation emblématique de la condition de nature, sans loi et belliqueuse, et cela en représentant le concept de liberté naturelle. De façon encore plus frappante, il inclut une image presque identique sur la page de titre de la copie manuscrite écrite de sa pro-

---

60. Voir Hobbes 1983, 10. 1, p. 171, où il est dit que, dans l'état de nature, on ne peut avoir qu'une « liberté infructueuse » : « *libertatem habet […] infructuosam* ».

61. *Ibid.* : « *Extra civitatem, fructus ab industria nemini certus.* »

62. *Ibid.* : « *In civitate vero, unusquisque finito iure secure fruitur.* »

63. Hobbes, *Éléments de la loi naturelle et politique*, *op. cit.*, I, 14, 12, p. 181.

64. Hobbes 1983, 1. 13, p. 96 : « *sæcula antiqua cæteras gentes, nunc quidem civiles florentesque, tunc vero paucos, feros, brevis ævi* ».

65. *Ibid.* : « *pauperes, fœdos [erunt], omni eo vitæ solatio atque ornatu carentes, quem pax & societas ministrare solent* ».

66. *Ibid.* : « *Exemplum huius rei sæculum præsens Americanos exhibit.* »

pre main qu'il présenta au comte de Devonshire, en avance par rapport à sa date de publication[67]. La présence de la figure de *Libertas* dans la version manuscrite du texte suggère fortement que Hobbes a dû lui-même approuver l'iconographie de la page de titre de la version imprimée et qu'il participa même peut-être à sa conception.

La version publiée du frontispice, telle que gravée par Jean Matheus[68], représente la *Libertas* par la figure d'une femme renfrognée qui, debout sur un piédestal, tient un arc dans la main gauche et une flèche dans la droite *(figure 11)*. Derrière elle, trois hommes quasi nus – dont deux portent eux aussi un arc – en poursuivent deux autres qui s'enfuient pour protéger leur vie, tandis qu'un dernier personnage menace de les frapper avec un gourdin. L'interprétation est transparente : cette représentation renvoie à l'affirmation centrale de Hobbes sur la condition naturelle de l'humanité, à savoir que, tout en étant un état de liberté, c'est aussi un état dans lequel, comme il l'exprime maintenant, « n'importe qui peut de droit dépouiller et tuer autrui » et « nous ne sommes protégés que par nos propres forces »[69].

Comme nous l'avons vu, Hobbes ajoute que c'est la condition dans laquelle vivent encore les sauvages d'Amérique, et sa représentation de la *Libertas* semble évoquer plus particulièrement leur état présumé primitif[70]. Ici, une fois encore, Hobbes manifeste une connaissance complexe des traditions visuelles avec lesquelles il joue. C'est à John White, dans les années 1580, que remontent les plus anciennes images anglaises des sauvages américains[71]. Les aquarelles de White ne furent pas publiées, mais elles furent

---

67. Hobbes MS A. 3. Pour des reproductions, voir Warrender 1983, en face de la page de titre ; Bredekamp, *Stratégies visuelles du* Léviathan, traduit de l'allemand par Denise Modigliani, Paris, Éditions de la MSH, Paris, 2003, p. 159.

68. La page de titre est signée (sous le piédestal sur lequel se tient *Libertas*) « Math. f[ecit] ». La référence renvoie à Jean Matheus, le graveur qui fut aussi l'imprimeur du texte de Hobbes.

69. Hobbes 1983, 10. 1, p. 171 : *« quilibet a quolibet iure spoliari & occidi potest [et] propriis tantum viribus protegimur »*.

70. Pour la supposition que la *Libertas* de Hobbes évoque les représentations des sauvages américains, voir Corbett et Lightbown 1979, pp. 224-225 ; Tuck 1998, p. xxv et note.

71. Sur White et de Bry, voir Kupperman 1980, pp. 33-34 ; pour la collection complète des peintures de White qui sont arrivées jusqu'à nous, reproduites en couleur, voir Sloan 2007.

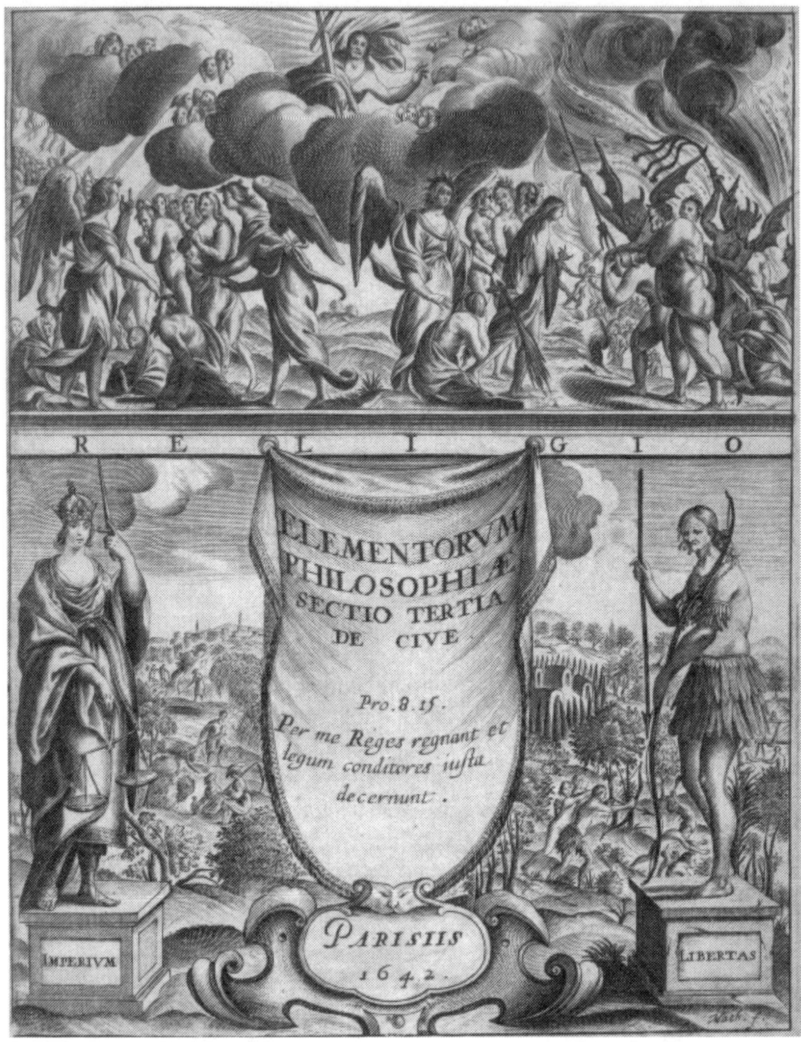

Figure 11

copiées et gravées par Théodore de Bry, qui les utilisa pour illustrer les *Briefe and True Report of the New Found Land of Virginia* de Thomas Hariot (1590)[72]. Une des peintures de White montrait un

----

72. Voir Hariot 1590, où une page de titre additive après sig. D, 3[r] nous informe que White avait réalisé ses dessins pour répondre à une commande de Raleigh en 1585 et qu'ils furent «gravés sur cuivre et publiés pour la première fois par Théodore de Bry».

Figure 12

chef algonquin de Caroline du Nord[73], une image que de Bry avait complétée, d'abord en ajoutant une vue de dos du même personnage, puis en les plaçant tous les deux dans un paysage imaginaire (*figure 12*)[74]. Le frontispice du *De cive* reproduit bien des traits de cette tradition, mais il lui donne un tour autrement plus sinistre. Là où de Bry avait dessiné quatre figures avec des arcs et des flèches tirant sur des cerfs, Hobbes leur assigne un tout autre gibier, puisqu'ils poursuivent, avec une issue non moins fatale, deux êtres humains, leurs semblables. Et là où, sur la gravure de De Bry, nous voyons simplement un paysage boisé, dans la version de Hobbes, nous voyons une clairière dans laquelle deux hommes sont accroupis à côté d'un tréteau au-dessus duquel on devine qu'une cuisse démembrée est suspendue.

Si la composition générale de la *Libertas* du *De cive* semble devoir beaucoup à de Bry, ce portrait peut avoir été inspiré aussi par un autre prototype, l'emblème intitulé *America* dans l'*Iconolo-*

---

73. Sloan 2007, p. 121. La région désignée dans les années 1580 sous le nom de « Virginie » inclut ce qui est aujourd'hui la Caroline du Nord.
74. Hariot 1590, Planche 3.

Figure 13

gia de Cesare Ripa *(figure 13)*[75]. Le très célèbre livre de Ripa parut pour la première fois – quoique sans images – à Rome, en 1593. La première édition illustrée parut dix ans après, et cette version, augmentée, fut réimprimée en 1611. La *Libertas* de Hobbes rappelle la version de 1611 de l'*America* de Ripa à plusieurs égards : elles montrent l'une et l'autre un personnage portant une sorte de robe ou de tunique, mais à demi dévêtu ; elles le montrent pareillement tenant un arc dans sa main gauche et une flèche dans la droite ; et toutes deux transmettent cette impression de fort mauvais augure que, dans la condition de pure nature, on sera obligé de pourvoir soi-même à ses propres moyens de défense.

Hobbes consacre le reste de son analyse de la liberté humaine dans les premiers chapitres du *De cive* à l'examen des différentes façons dont on peut perdre ou renoncer à sa liberté naturelle. Là encore il reflète l'argument des *Éléments*, puisqu'il présente d'abord

---

75. Ripa 1611, p. 360. Je dois cette référence à Kinch Hoekstra.

la possibilité de passer convention comme un premier moyen pour limiter notre liberté d'action en consentant à agir selon les exigences de nos conventions. Comme auparavant, il s'intéresse avant tout au deux différents types de conventions qui permettent d'établir des Républiques*. Le premier, sur lequel il se penche dans les chapitres 6 et 7, impliquerait la création d'un gouvernement *ex instituto*, par un acte d'institution[76]. Les membres d'une multitude établissent un prince «par leur propre volonté[77]», se restreignant les uns les autres par des pactes mutuels[78] et par là remplaçant la condition de liberté naturelle par un état d'obligation et, plus spécifiquement, de «sujétion au pouvoir civil[79]». L'autre forme de convention politique, à laquelle Hobbes se consacre dans le chapitre 8, prendrait forme quand la souveraineté est *acquisita*, acquise par l'exercice de la force naturelle[80]. Le souverain obtient son pouvoir en sa qualité de vainqueur, exigeant de ceux qu'il a vaincus qu'ils promettent de lui vouer une obéissance absolue, aussi longtemps que leurs vies seront épargnées[81]. Hobbes avait ajouté dans les *Éléments* que le fait de vaincre une personne et une seule suffit pour établir une telle République*, donnant lieu à un «petit corps politique» composé d'un maître et d'un serviteur[82]. Cette possibilité est maintenant éliminée – peut-être finit-il par la trouver lui-même légèrement curieuse –, mais Hobbes continue à admettre qu'il suffit d'acquérir la domination sur une famille assez nombreuse pour être décrit au sens propre du terme comme régnant sur «une sorte de *petit royaume*[83]».

L'autre mécanisme par lequel nous pouvons perdre notre liberté naturelle est l'asservissement. Là encore, Hobbes suit largement la démonstration des *Éléments*, à ceci près qu'il est obligé d'apporter quelques adaptations au vocabulaire dans lequel il avait auparavant formulé sa pensée. Dans les *Éléments*, il avait fait une distinction entre les *serviteurs (servants)* qui ont passé convention pour éviter

---

76. Hobbes 1983, 5. 12, p. 135.

77. *Ibid.*, 6. 1, p. 136 : *«suo ipsorum arbitrio»*.

78. *Ibid.*, 8. 1, p. 160.

79. *Ibid.*, 7. 18, p. 159.

80. *Ibid.*, 8. 1, p. 160.

81. *Ibid.*

82. Hobbes, *Éléments de la loi naturelle et politique, op. cit.*, II, 3, 2, p. 252.

83. Hobbes 1983, 8. 1, p. 160 : *«parvum quoddam regnum est»*.

la mort et les *esclaves (slaves)* qui n'ont pas passé de convention du tout[84]. Dès lors qu'il écrit le *De cive* en latin, le lexique ne lui donne plus le choix du nom à donner aux premiers, qu'il désigne comme des *servi*, et il lui est donc nécessaire de trouver un autre terme pour décrire les serviteurs qui sont esclaves au sens strict, dans la mesure où ils ont la permission de disposer de leur liberté de mouvement. Il propose de les appeler des *ergastuli*, parce qu'«ils servent à l'intérieur des prisons *(ergastula)*, ou bien sont enchaînés dans des fers[85]». Quel que soit le terme utilisé pour les décrire, sa conclusion n'en reste pas moins la même qu'auparavant : ils sont privés de la liberté naturelle d'agir selon leur volonté et leur pouvoir pour la plus fondamentale des raisons, à savoir qu'ils ont été dépouillés dans l'absolu de pratiquement toute capacité d'agir.

Hobbes clôt sa discussion en écartant, mais de façon bien plus brusque et impatiente que dans les *Éléments*, les deux principaux arguments avancés par les théoriciens constitutionnels de son temps quant à la compatibilité de la liberté et de la souveraineté. Comme nous l'avons vu, une de leurs affirmations était qu'à condition d'instituer un régime politique mixte, nous pouvions espérer conserver notre liberté, fussions-nous sujets d'un pouvoir souverain. Dans les *Éléments*, Hobbes s'était contenté de critiquer la version républicaine de cette conception sans avoir rien su dire de la théorie anglaise de la monarchie mixte. Dans le *De cive* en revanche, il nous présente une critique globale, incluant une discussion du modèle anglais dans lequel, comme il l'exprime, «la nomination des magistrats et les décisions en matière de guerre et de paix étaient entre les mains du *roi*, tandis que les jugements revenaient aux Grands, que la levée des impôts était confiée aux *gens du commun* et que le pouvoir de promulguer des lois appartenait à tous[86]».

Revenant sur ces théories d'un État «mixte», Hobbes commence par noter la croyance largement répandue selon laquelle,

---

84. Hobbes, *Éléments de la loi naturelle et politique, op. cit.*, II, 2-3, 2, pp. 252-253.
85. Hobbes 1983, 8. 2, pp. 160-161 : «*serviunt quidem hi, sed intra ergastula, vel compedibus vincti*».
86. *Ibid.*, 7. 4, p. 152 : «*nominatio Magistratuum, & Arbitrium belli & pacis, penes* Regem *esset, iudicia apud* magnates, *pecuniarum contributio penes* populum, *& legum ferendarum potentia, penes omnes simul*».

sous un pouvoir souverain, à moins qu'il ne soit exercé de façon mixte, « tous les citoyens seraient des esclaves[87] ». Il rejette à présent toutes les variantes de cette position avec le même mépris. « Même s'il pouvait se faire qu'un État de ce genre existât, répond-il, ce ne serait pas au moindre avantage de la liberté des citoyens[88]. » La raison en est que, « tant que tous les éléments sont d'accord entre eux, la sujétion de chaque citoyen est la plus grande qui puisse exister ; mais s'ils sont en désaccord, l'État est par là ramené à la guerre civile et au droit du *glaive privé*, ce qui est pire que toute sujétion quelle qu'elle soit[89] ». Comme il le répétera ultérieurement dans le *Léviathan*, « un tel gouvernement n'est pas un gouvernement, mais la division de la République* en trois factions[90] », et « *un royaume divisé au-dedans de lui-même ne peut subsister*[91] ».

L'autre argument, lié à ce premier, que Hobbes avait envisagé dans les *Éléments* avait été que, dans une démocratie, la liberté n'est pas confisquée. Il avait alors répondu sur un ton remarquablement respectueux, reconnaissant qu'« Aristote dit fort bien » que « *le fondement ou l'intention d'une démocratie est la liberté* »[92]. Il répond dorénavant dans un style radicalement différent. Ceux qui croient que l'on aurait en partage, dans les démocraties, une plus grande liberté se laissent abuser par le fait que, sous ces régimes politiques, les gens participent au gouvernement et ne sont pas sujets de qui que ce soit d'autre. Mais affirmer qu'une démocratie leur permet de conserver plus de liberté, c'est commettre l'erreur monumentale de « donner le nom de liberté à ce qui est en fait souveraineté[93] ». Hobbes termine en remplaçant son précédent éloge d'Aristote par un camouflet. Quand Aristote déclare que « *dans l'état populaire, la*

---

87. *Ibid.*, p. 151 : « *sequeretur, inquiunt, cives omnes esse servos* ».
88. *Ibid.*, p. 152 : « *Quod si fieri posset, ut huiusmodi status existeret, nihilo magis civium libertati consultum esset.* »
89. *Ibid.* : « *Quamdiu enim omnes consentiunt inter se, subiectio singulorum civium tanta est, ut maior esse non possit ; sed si dissentiant, bellum civile reducitur, & ius Gladii privati, quod est omni subiectione peius.* »
90. Hobbes, *Léviathan, op. cit.*, p. 352.
91. *Ibid.*, p. 188.
92. Hobbes, *Éléments de la loi naturelle et politique, op. cit.*, II, 8, 3, p. 314.
93. Hobbes 1983, 10. 8, p. 176 : « *libertatem pro imperio nominans* ».

liberté existe par supposition[94] », il ne fait que suivre les mœurs de son temps sans le moindre esprit critique[95].

III.

La discussion sur la liberté telle que Hobbes la construit dans les premiers chapitres du *De cive* ne nous éloigne pas d'un périmètre argumentatif très familier. En dépit du grand nombre d'ajouts et de raffinements que Hobbes introduit par rapport à son analyse des *Éléments*, la trajectoire de pensée reste fondamentalement la même. Mais observons le chapitre 9 du *De cive*, dans lequel il revient à l'examen de la signification de *libertas*, et nous découvrirons un terrain complètement neuf. Hobbes s'y déclare d'abord bien conscient de ce que son analyse pèche jusque-là par un manque substantiel, à savoir une définition susceptible du concept général de liberté, et il se propose d'y remédier dans ce chapitre. Comme son analyse suivante le fait immédiatement comprendre, ce qu'il recherche, c'est une définition susceptible d'englober non seulement la liberté de ceux qui délibèrent sur la base de la liberté caractéristique de l'état de nature, mais en même temps la liberté des corps naturels tels que (pour citer son propre exemple) les volumes d'eau et leur capacité à se mouvoir sans contrainte.

Hobbes commence sa recherche en se demandant quel sens a été généralement donné au concept de liberté. La définition la plus largement citée – sans doute celle que retient, par exemple, sir Robert Filmer[96] – avait été celle que l'on lit au début du *Digeste* et que l'on attribue à Florentinus : « La liberté est la faculté naturelle pour chacun de faire ce qui lui plaît[97]. » Hobbes commence par invoquer cette conception familière : « La *liberté*, c'est, selon l'opinion commune,

---

94. *Ibid.* : « *in statu populari libertas est ex suppositione* ».
95. *Ibid.* : « *ipse quoque consuetudine temporis* ».
96. Plus précisément, Filmer 1991, p. 275, semble être en train de traduire le terme que Hobbes avait lui-même retenu pour sa propre citation de la proposition de Florentinus, in Hobbes 1983, 9. 9, p. 167.
97. *Digeste* 1985, 1. 5. 4, p. 15 : « *libertas est naturalis facultas eius quod cuique facere libet* ».

tout faire selon son propre jugement et impunément[98].» Cependant, il écarte instantanément cette analyse d'un revers de la main. Sa faiblesse évidente est qu'elle ne parvient pas à contenir l'idée de la liberté de mouvement naturel. Mais selon Hobbes, elle est même loin d'être adéquate pour rendre compte de la liberté humaine. Il n'est pas possible, objecte-t-il, de rendre une telle définition compatible avec «la vie dans une *civitas* et avec la paix du genre humain[99]». Réduire la liberté à une pure affaire de choix pour agir comme bon nous semble, c'est omettre le fait qu'il n'existe pas de *civitas* sans souveraineté et donc sans le droit afférent de limiter la liberté de ses sujets[100].

Comment, dès lors, faut-il comprendre le terme de *libertas*? Hobbes répond sans autre préambule et avec une brusquerie mémorable: «La LIBERTÉ, pour en donner une définition, n'est rien d'autre que *l'absence d'opposition au mouvement*[101].» L'introduction de cette définition fait date, et Hobbes lui-même se met en peine de le faire remarquer. «Aucun auteur n'a, pour autant que je le sache, expliqué ce qu'est la *liberté* et ce qu'est la *servitude*[102].» Avec cette nouvelle analyse, non seulement il récuse l'acception juridique dominante de ces deux termes cruciaux, mais il nous rappelle aussi son affirmation fondamentale que «la seule chose qui soit vraie dans le monde entier, c'est le mouvement». Par conséquent, le concept de liberté humaine exige d'être traité essentiellement comme une sous-espèce de l'idée plus générale de mouvement non entravé[103].

Comme Hobbes en est le premier conscient, sa définition n'est pas très éclairante en tant que telle. Être libre, nous a-t-il dit jusqu'alors, c'est seulement ne pas rencontrer d'opposition. Mais

---

98. Hobbes 1983, 9. 9, p. 167 : «*vulgo omnia nostro arbitratu facere, atque id impune, libertas… iudicatur*».

99. *Ibid.* : «*quod in civitate, & cum pace humani generis fieri non potest*».

100. *Ibid.* : «*civitas sine imperio & iure coercendi nulla est*».

101. *Ibid.* : «*LIBERTAS, ut eam definiamus, nihil aliud est quam* absentia impedimentorum motus.»

102. *Ibid.* : «*neque enim quod sciam, a quoquam scriptore explicatum est quid sit libertas, & quid* servitus».

103. *Hobbes, vies d'un philosophe, op. cit.*, p. 142-143 ; ici ce sont les vers 115-116 et 122 :
  Toto res unica mundo
  Vera… [est] motus.

si nous devons donner des exemples particuliers dans lesquels cela fait sens de dire d'un corps quel qu'il soit qu'il jouit ou non de sa liberté, ce dont nous avons besoin avant tout c'est de savoir ce qu'il faut considérer comme un obstacle faisant opposition.

Hobbes aborde cette question en bonne et due forme dans la même section du chapitre 9, et il y répond dans un passage d'une extraordinaire densité, qui n'a nulle part son équivalent dans les *Éléments*. Les obstacles susceptibles d'ôter la liberté, affirme-t-il à présent, sont de deux sortes. Il y a tout d'abord ceux que l'on peut décrire comme *externa* et *absoluta*[104]. Par «extérieurs», Hobbes veut dire qu'ils constituent des obstructions ou des obstacles externes au mouvement corporel; par «absolus», il veut dire qu'ils ont pour effet d'empêcher physiquement un corps de se déplacer dans telle ou telle direction. Parmi les deux exemples qu'il ajoute pour éclairer ces propositions, le premier est pris dans le domaine du mouvement corporel naturel. Il considère le cas d'un volume d'eau et les circonstances dans lesquelles cela fait sens de dire qu'il est ou non libre: «quand l'eau est enfermée dans un récipient», explique-t-il, «elle n'est pas *libre* pour la raison précise que le récipient fait opposition à ce qu'elle s'écoule, et qu'elle est *libérée* si le récipient se brise»[105]. Puis il se tourne vers la sphère de la liberté humaine, tout en continuant à traiter les actions volontaires essentiellement comme des mouvements physiques que nous pouvons accomplir à notre gré ou bien être empêchés d'accomplir par des obstacles extérieurs. Ici le principal exemple est celui d'un homme qui chemine et dont la liberté de mouvement est restreinte par le fait qu'«il est empêché, des deux côtés, par des haies et des murets, d'écraser les vignes et les moissons qui jouxtent sa route[106]». Les haies et les murets constituent un obstacle absolu, parce qu'ils l'empêchent physiquement de causer quelque dommage que ce soit quand il les longe.

---

104. Hobbes 1983, 9. 9, p. 167 parle d'«*impedimenta externa & absoluta*».

105. *Ibid.*: «*ut aqua vase conclusa, ideo non est libera, quia vas impedimento est ne effluat, quæ fracto vase* liberatur».

106. *Ibid.*: «*sepibus & maceriis, ne vineas & segetes viæ vicinas conterat, hinc & inde cohibetur*».

Quant à l'autre catégorie d'obstacles qui enlèvent la liberté, il faut les appeler *arbitraria*[107]. Il s'agit, explique Hobbes, d'obstacles qui « n'empêchent pas le mouvement absolument, mais *per accidens*, à savoir par notre choix[108] ». Comme illustration préliminaire, il nous offre une adaptation quelque peu bizarre de l'exemple aristotélicien qu'il avait discuté dans les *Éléments* : celui d'un homme sur un bateau qui jette ses biens à la mer. Il envisage maintenant le cas d'un « homme sur un bateau qui ne rencontre pas d'opposition à se précipiter *lui-même* dans la mer, s'il est en mesure de le vouloir[109] ». Il nous est par là demandé d'imaginer une situation dans laquelle il n'y a pas de barrière extérieure qui empêche l'homme de se jeter lui-même par-dessus bord, s'il peut vouloir le faire. Si donc il rencontre quelque opposition à le faire, cet obstacle ne peut venir, comme Hobbes le dit, que du fait qu'il n'est pas capable de le vouloir. L'obstacle, en d'autres termes, doit être arbitraire ; il doit provenir de son propre *arbitrium* et être le produit d'un processus de choix.

Pourquoi un homme pourrait-il être incapable de vouloir se jeter lui-même à la mer ? Comme nous l'avons vu, la réponse initiale de Hobbes avait été que les obstacles arbitraires gênent *per accidens*. Il est pour le moins inattendu — et le mot est faible — de prendre Hobbes en flagrant délit de puiser dans la terminologie aristotélicienne, dans la mesure où cette expression est le modèle par excellence de la sorte de jargon scolastique qu'il fait normalement profession de mépriser. Il n'est pas non plus aisé de comprendre ce qu'il entend par là. Quand Francisco Suarez, la *bête noire*[110] de

---

107. *Ibid.* : « *alia [impedimenta] sunt arbitraria* ». Le sens des obstacles arbitraires est demeuré opaque jusque dans les meilleurs commentaires récents. Voir, par exemple, Pettit 2005, pp. 137, 140, qui fait de la liberté comme absence d'obstruction extérieure le concept central du *De cive* aussi bien que du *Léviathan*. Je me suis d'abord prononcé en faveur de cette interprétation : voir Skinner 2006-7, pp. 64-65. Je suis particulièrement redevable à Kinch Hoekstra de m'avoir aidé à réévaluer la place des *impediments* arbitraires dans l'évolution de la théorie hobbesienne de la liberté.

108. Hobbes 1983, 9. 9, p. 167 : « *quæ non absolute impediunt motum, sed per accidens, nimirum per electionem nostram* ».

109. *Ibid.* : « *qui in nave est, non ita impeditur quin se in mare præcipitare possit, si velle possit* ». C'est moi qui souligne.

110. En français dans le texte *(NdT)*.

Hobbes parmi les scolastiques[111], avait illustré l'idée d'une conséquence se produisant *per accidens*, il s'était appuyé sur l'exemple d'un homme qui, dans l'acte de creuser la terre, avait par hasard découvert un trésor enfoui[112]. Cela suggère qu'une conséquence *per accidens* équivaut à un résultat inopiné du point de vue de l'agent. Mais il est difficile d'établir une quelconque analogie avec l'homme qui ne peut pas vouloir se jeter lui-même dans la mer, à moins que Hobbes ne considère cette incapacité simplement comme une conséquence involontaire et donc *per accidens* du fait qu'il avait fait un autre choix et, partant, voulu agir autrement. Il est cependant clair que Hobbes veut dire plus que cela, car il soutient que l'homme dans la situation qu'il décrit n'a pas véritablement choisi de faire autre chose que de se jeter par-dessus bord ; il a plutôt été activement empêché de se comporter de cette manière particulière. Mais s'il en est ainsi, alors il nous faut encore parvenir à tirer au clair – condition indispensable pour comprendre le concept d'obstacle arbitraire –, quelle sorte de force est capable de faire opposition à notre volonté d'accomplir une action qui est en notre pouvoir.

La force en question, semble nous dire Hobbes, procède de nos passions, et avant tout de la passion de la crainte[113]. Sans doute la réponse n'est-elle qu'implicite dans l'exemple de l'homme sur le bateau. L'action qu'il est incapable de vouloir est celle qui aurait pour conséquence probable de précipiter sa mort. Mais Hobbes avait déjà établi que les hommes appréhendent la mort comme le plus grand des maux, avec ce résultat que nous sommes tous sans exception poussés « par une nécessité naturelle particulière » à faire le nécessaire pour préserver notre vie[114]. Si cette psychologie est bien la règle de notre comportement, il y aura toujours un obstacle formidablement puissant à choisir et donc à vouloir agir de façon telle que, très probablement, il en résultera que nous perdrons la vie.

---

111. Pour des références méprisantes à Suarez, voir Hobbes, *Béhémoth ou le Long Parlement*, introduction, traduction, notes, glossaires et index par Luc Borot, Paris, Vrin, 1990, p. 57 ; Hobbes, *Léviathan, op. cit.*, p. 77.

112. Suarez 1994, 17. 2. 4, p. 13. Suarez élabore la discussion à propos de la *Métaphysique* (1027a) des causes et effets accidentels.

113. Hobbes 1983, 13. 16, pp. 203-204.

114. Voir *ibid.*, 1. 7, p. 94 sur la manière dont tout le monde est poussé « *necessitate quadam naturæ* ».

L'hypothèse que la crainte soit pour Hobbes le paradigme de l'obstacle arbitraire trouve une confimation explicite quand il en vient à l'examen des deux principaux exemples qu'il imagine pour illustrer la façon dont nous pouvons être retenus de vouloir agir. Le premier se trouve un peu plus loin dans la même section du chapitre 9, dans le passage où il traite des châtiments que les Républiques* imposent pour contrôler leurs sujets. De ces châtiments Hobbes se demande s'il est légitime de considérer qu'ils s'opposent à ce que nous poursuivions nos objectifs et comment ils parviennent à ce résultat[115]. Ces questions nous ramènent à son analyse de l'*Imperium* au chapitre 5, où il avait conclu d'un air sombre que «les actions des hommes procèdent de leur volonté et que, parce que la volonté naît de l'espoir et de la crainte, il s'ensuit que chaque fois qu'un *plus grand bien* ou qu'un *moindre mal* semble devoir résulter de la violation des lois plutôt que de leur observation, les hommes les violent volontairement[116]». Cette évidence fait qu'il est indispensable pour les souverains, ajoute-t-il dans le chapitre suivant, d'assurer «que les châtiments institués pour chaque infraction particulière aux lois soient assez lourds pour que ce soit clairement un mal plus grand de leur avoir contrevenu que de ne pas l'avoir fait[117]». À condition que le code criminel soit conçu de cette manière, il aura pour effet de garantir que, quand des sujets délibèrent s'ils doivent ou non obéir aux lois, la terreur qu'ils éprouvent en considérant les conséquences de leur désobéissance déterminera leur volonté à faire le choix de l'obéissance. Comme Hobbes le résume, nos souverains peuvent toujours veiller à ce que «nous soyons empêchés par notre crainte commune du châtiment de façon telle que nous soyons détournés, par la crainte» de nous engager dans des actes de défi ou de résistance[118]. Autrement dit, nous rencontrons, en faisant l'expérience de notre terreur, une opposition arbitraire telle que nous ne sommes pas libres d'agir autrement que les lois nous le commandent.

---

115. Hobbes 1983, 9. 9, p. 167.

116. *Ibid.*, 5. 1, p. 130 : «*actiones hominum a voluntate, voluntatem a spe & metu proficisci, adeo ut quoties* Bonum maius, *vel* malum minus *videtur a violatione legum sibi proventurum, quam ab observatione, volentes violant*».

117. *Ibid.*, 6. 4, p. 138 : «*cum pœnæ tantæ in singulas iniurias constituuntur, ut aperte maius malum sit fecisse, quam non fecisse*».

118. *Ibid.*, 5. 4, p. 132 : «*communi aliquo metu coerceantur […] metu prohibeantur*».

L'autre exemple de Hobbes est discuté dans le chapitre 15, son chapitre sur «Le royaume de Dieu par nature». Quelque chose fait tout pareillement obstacle, soutient-il alors, à ce que nous commettions un acte de désobéissance par rapport à Dieu, avec cet effet que notre liberté à résister «est enlevée[119]». Cette perte de liberté n'est pas due à ce que Hobbes décrit à présent comme des «obstacles corporels»: il n'y a rien, autrement dit, qui nous rende physiquement impossible de commettre cet acte de désobéissance[120]. Nous trouvons plutôt que «notre liberté est enlevée par l'espoir et par la crainte, comme dans le cas d'un homme plus faible qui désespère de sa capacité à résister à un plus fort, de telle sorte qu'il lui est impossible de ne pas lui obéir[121]». En un mot, si l'homme plus faible obéit, c'est moins parce que sa crainte lui fait redouter les conséquences de sa désobéissance que parce qu'il désespère de réussir.

Ces deux exemples évoquent quelque chose d'extérieur à l'agent: les lois du souverain dans le premier cas, le pouvoir de Dieu dans le second. Mais ce n'est, ni dans un cas ni dans l'autre, l'objet extérieur qui constitue l'obstacle enlevant la liberté. Comme Hobbes le dit, quand des obstacles arbitraires nous enlèvent notre liberté d'agir ou de nous abstenir, cette dernière ne nous est jamais ôtée que par «notre propre choix» de ne pas vouloir agir d'une façon particulière[122]. Il semble en d'autres termes que, par cette expression d'obstacles arbitraires, Hobbes entende des forces émotionnelles si impérieuses que, chaque fois que nous soumettons à notre délibération si nous devons ou non accomplir une action donnée, elles seront toujours assez puissantes pour nous empêcher de vouloir et d'agir autrement que d'une certaine manière.

---

119. *Ibid.*, 15. 7, p. 223: «*libertas [...] tollitur*».
120. *Ibid.* Hobbes parle de la manière dont «*libertas impedimentis corporeis tollitur*».
121. *Ibid.*: «*[libertas] tollitur spe & metu; iuxta quam, infirmior potentiori cui resistere se posse desperat, non potest non obedire*».
122. *Ibid.*, 9. 9, p. 167: «*per electionem nostram*».

IV.

Avec cette opposition entre obstacles corporels et arbitraires et la définition sous-jacente de la liberté comme l'absence de toute opposition, Hobbes introduit un ensemble de concepts et de distinctions complètement étrangers à l'analyse qu'il avait construite dans les *Éléments*. Comment a-t-il été amené à élaborer cette théorie de la liberté de cette manière systématiquement nouvelle? Mon hypothèse, que je vais développer maintenant, en précisant qu'elle ne constitue qu'une partie de la réponse, est que sa nouvelle analyse lui permet de présenter sa défense de la souveraineté absolue dans un style bien plus conciliant et moins incendiaire. Jusque-là, sa façon d'envisager notre soumission absolue au gouvernement ne lui avait laissé aucun espace pour parler de liberté civile ; et, de fait, ce concept n'apparaît pas du tout dans les *Éléments*. Avec cette nouvelle définition de la liberté, en revanche, il est en mesure d'affirmer que, même après avoir accompli notre acte de soumission, nous continuons à jouir d'une quantité substantielle de ce qu'il se sent maintenant autorisé à nommer *libertas civilis* ou liberté civile, et qu'il va décrire comme telle[123].

Pour bien saisir l'argumentation de Hobbes, nous devons revenir au chapitre 9 du *De cive* où il introduit pour la première fois le concept de *libertas civilis* et explique dans quel sens il convient de le prendre. Selon sa définition générale de la liberté, quand nous parlons de la liberté des corps quels qu'ils soient, y compris les corps humains, nous parlons fondamentalement de la liberté de mouvement. «Nous pouvons dire», explique-t-il, «que chacun a une *liberté* plus ou moins grande, dans la mesure où il a plus ou moins d'espace où il est en mesure de se mouvoir, de sorte qu'a plus de *liberté* celui qui est surveillé dans une prison vaste que celui qui l'est dans une étroite[124]». Hobbes avait déjà souligné dans les *Éléments* que cette forme de liberté ne cessait pas d'exister après l'établissement d'une association civile, mais il n'avait pas davantage creusé cette idée

---

123. Pour l'introduction du terme *libertas civilis*, voir *ibid.*

124. *Ibid.* : «*Et est cuique* libertas *maior vel minor, prout plus vel minus spatii est in quo versatur ; ut maiorem habeat* libertatem *qui in amplo carcere, quam qui in angusto custoditur.*»

introduite presque comme une pensée après coup[125]. Dorénavant il la place au cœur même de son argumentation. Quand il demande dans le *De cive* en quoi « consiste » la *libertas civilis*, sa première réponse est que « plus un homme peut faire de mouvements de différentes sortes, plus il possède de *liberté*, et que c'est en cela que consiste la *liberté* civile »[126]. Qui plus est, c'est là déjà parler d'un élément substantiel de liberté, car « dans ce sens tous les *serviteurs* et *sujets* qui ne sont pas enchaînés ni incarcérés sont *libres* »[127].

Selon le second aspect de la définition générale de la liberté de Hobbes, les obstructions qui nous privent de notre liberté peuvent être « arbitraires » aussi bien que corporelles, en tant qu'elles « s'opposent à notre mouvement non pas absolument, mais plutôt du fait de notre choix »[128]. Hobbes s'appuie sur cette dimension de sa définition pour mettre le doigt sur un autre élément de la *libertas civilis*, un élément qui selon lui résulte de la capacité de la nécessité naturelle à limiter les effets des obstacles arbitraires. Supposons qu'il y ait une action qu'il vous soit indispensable d'accomplir « pour protéger votre vie et votre santé[129] ». Si vous vous trouvez dans cette situation critique, aucune crainte relative à la punition qui pourrait vous frapper si vous accomplissiez l'acte en question ne pourra vous empêcher de l'accomplir, même si le châtiment encouru est des plus graves. La nécessité naturelle vous poussera bien plutôt à faire tout ce que vous jugerez nécessaire pour assurer la préservation de votre vie et de votre santé. Hobbes martèle la conclusion cruciale de ce raisonnement dans les termes les plus emphatiques :

> Il n'y a personne, qu'il soit *sujet*, *fils* de famille ou *serviteur*, pour qui les châtiments prévus par sa *République**, par son *père* ou son *Maître* – quelque sévères qu'ils soient – soient de tels obstacles qu'il ne

---

125. Hobbes, *Éléments de la loi naturelle et politique, op. cit.*, II, 9, 4, p. 330.

126. Hobbes 1983, 9. 9, p. 167 : « *quo quis pluribus viis movere se potest, eo maiorem habet* libertatem. *Atque in hoc consistit* libertas civilis ».

127. *Ibid.* : « *quo sensu omnes* servi & subditi liberi *sunt, qui non sunt vincti, vel incarcerati* ».

128. *Ibid.* : « *quæ non absolute impediunt motum, sed… per electionem nostram* ».

129. *Ibid.* Hobbes parle de ces actions « *quæ ad vitam & sanitatem tuendam sunt necessaria* ».

soit plus en mesure de faire tout ce qui est nécessaire, et d'y concentrer toutes ses énergies, pour protéger sa vie et sa santé[130].

Ce passage fait clairement écho à l'exception à notre devoir général d'obéissance dont il précisait les conditions au chapitre 17 des *Éléments*. Dans ce passage, cependant, Hobbes n'avait parlé que de notre droit à défendre notre corps et à avoir accès à « toutes les choses nécessaires à la vie[131] ». À présent, il ajoute que nous conservons cette liberté jusqu'au sein des associations civiles, et même si des amendes sont explicitement attachées aux actions que nous engageons en son nom. Hobbes définit par là un nouvel aspect de la *libertas civilis* ; et en la décrivant comme une liberté de faire « tout ce qui est nécessaire » pour maintenir notre bien-être, il cherche à souligner avec insistance que cette liberté qu'il invoque est pour le moins substantielle.

Si enfin nous nous attachons au traitement que Hobbes réserve dans son chapitre 13 aux devoirs qui incombent aux souverains, nous découvrons qu'il complète son concept de *libertas civilis* par un nouvel élément. La loi civile, observe-t-il, ne s'attache nullement à réguler l'ensemble de nos mouvements, et il s'ensuit que nous devons garder un degré proportionnel de liberté, même comme sujets de Républiques*. Il avait déjà souligné dans les *Éléments* que, dans les premiers temps de leur règne, les souverains se trouveront très concrètement dans l'incapacité de légiférer sur « tous les cas de controverse qui peuvent survenir[132] ». Mais son propos avait été alors de rassurer les princes en leur suggérant qu'ils pouvaient espérer apprendre avec le temps ce que les lois requéraient pour parer toutes les éventualités. En revanche, quand il note pareillement dans le *De cive* que nos actions sont trop variées pour être circonscrites par les lois, son propos est de rassurer les *sujets* en leur suggérant que, même après s'être soumis au gouvernement, ils peuvent toujours espérer jouir de cet autre élément de leur liberté

---

130. *Ibid.* : « *nemo enim sive* subditus *sive* filius *familias sive* servus, *ita* civitatis, *vel* patris *vel* Domini *sui, utcunque severi, pœnis propositis impeditur, quin omnia facere, & ad omnia se convertere possit, quæ ad vitam & sanitatem tuendam sunt necessaria* ».
131. Hobbes, *Éléments de la loi naturelle et politique, op. cit.*, I, 17, 2, p. 202.
132. *Ibid.*, II, 10, 10, p. 342.

naturelle. Comme il le conclut avec emphase : « Il est inévitable qu'il y aura toujours un nombre *presque infini* d'actions qui ne sont ni prescrites ni interdites[133]. » Il en résulte que tous les sujets ont un droit permanent à accomplir un éventail presque infini d'actions qui sont autant d'expressions de leur « liberté inoffensive », selon la formule que Hobbes se juge maintenant prêt à utiliser[134].

Il lui reste à poser une dernière affirmation, plus spécifique, sur la compatibilité entre une liberté inoffensive et la sujétion à un gouvernement absolu. Il l'introduit au cours du passage où il discute, au chapitre 10, des mérites respectifs de la monarchie, de l'aristocratie et de la démocratie. « Certains pensent », commence-t-il, « que la *monarchie* est plus désavantageuse que la *démocratie* parce qu'il y a *là* moins de liberté qu'*ici* »[135]. À cela il objecte qu'il nous faut distinguer deux acceptions différentes de cette proposition que nous sommes libres sous un gouvernement. Supposons que, quand ces auteurs parlent de liberté, « ils entendent l'exemption de la soumission due aux lois[136] ». Si c'est cela qu'ils veulent dire, alors leur argument tombe ; car, « ni en *démocratie* ni dans aucune autre forme de République*, il n'y a le moindre élément de *liberté* prise dans ce sens[137] ». Supposons, d'un autre côté, qu'ils ont à l'esprit la liberté inoffensive dont nous continuons à jouir là où « il y a peu de lois et peu d'interdits[138] ». Alors leur argument tombe aussi. En effet, il est loin d'être évident, suggère Hobbes, qu'il y ait « plus de *liberté* prise dans ce sens sous une *démocratie* que sous une *monarchie*, car la seconde n'est pas moins compatible que la première avec une telle liberté[139] ».

---

133. Hobbes 1983, 13. 15, p. 202 : « *Necesse est, ut infinita pene sint, quæ neque iubentur neque prohibentur.* » C'est moi qui souligne.

134. *Ibid.*, 13. 16, p. 203 parle de « *libertas innoxia* ».

135. *Ibid.*, 10. 8, pp. 175-176 : « *Sunt qui ideo* Monarchiam Democratia *incommodiorem putent, quod* illic *minus libertatis sit quam* hic. »

136. *Ibid.*, p. 175 : « *intelligant exemptionem a subiectione [...] legibus* ».

137. *Ibid.*, p. 176 : « *neque in* Democratia *neque in alio statu civitatis quocunque, ulla omnino* libertas *est* ».

138. *Ibid.* : « *Si* libertatem *in eo sitam esse intelligant, ut paucæ sint leges, pauca vetita.* »

139. *Ibid.* : « *plus esse* libertatis *in* Democratia *quam in* Monarchia, *potest enim non minus hæc quam illa cum tali libertate recte consistere* ».

Avec cette analyse de la liberté civile, Hobbes modifie fortement la direction et la tonalité de ses précédentes affirmations des *Éléments* sur la condition de sujet. Dans cet ouvrage, au moment de résumer ses conceptions sur la liberté et la sujétion, il avait fait entendre une note délibérément sombre. Quand nous passons une convention pour établir un corps politique, la sujétion à laquelle nous nous remettons « n'est pas moins absolue que la sujétion des serviteurs ». Mais vivre dans une telle condition, c'est renoncer à notre liberté, car « la liberté est l'état de celui qui n'est pas sujet[140] ». La conclusion qu'il n'avait pas hésité à tirer est que la condition des sujets ordinaires ne peut être décrite qu'en terme de servitude[141].

À l'inverse, la section correspondante du *De cive* s'emploie résolument à nous rassurer. Il est bien sûr vrai, admet Hobbes, que, en tant que sujets, nous ne jouissons plus de notre liberté naturelle à n'en faire qu'à notre tête. Tout un chacun est maintenant « limité par les châtiments fixés d'avance » et n'est plus « en mesure de faire tout ce qu'il veut »[142]. Désavouer cette limitation, cependant, c'est exiger la liberté de l'état de nature, et Hobbes martèle que cette aspiration est complètement autodestructrice, étant donné que notre vie dans un tel état ne vaudrait guère mieux qu'une guerre de tous contre tous[143]. Mais s'il en est ainsi, alors il est impossible d'identifier la perte de la liberté naturelle à la naissance de la servitude. Ici Hobbes désavoue explicitement le langage des *Éléments*, affirmant au contraire que « celui qui est limité par des châtiments fixés d'avance n'est pas opprimé par la *servitude*, mais seulement gouverné et sustenté[144] ». Fort de cette conclusion, il se sent en position de se permettre un résumé hyperbolique :

---

140. Hobbes, *Éléments de la loi naturelle et politique, op. cit.*, II, 4, 9, pp. 261, 262.

141. *Ibid.*

142. Hobbes 1983, 9. 9, pp. 167-168 : « *cohibetur pœnis propositis, ne omnia quæ vult faciat* ».

143. Voir *ibid.*, 1. 1, p. 96 sur l'état de nature comme un « *bellum omnium in omnes* » ; cf. *ibid.*, p. 176 pour l'affirmation que toute forme de sujétion civile est préférable à un tel état.

144. *Ibid.*, pp. 167-168 : « *Qui enim ita cohibetur pœnis propositis […] non opprimitur servitute, sed regitur & sustentatur.* »

Je ne vois donc pas qu'il y ait quoi que ce soit dont un *esclave* puisse se plaindre au titre qu'il manque de *liberté*, à moins que ce ne soit pour lui une affliction que d'être limité de manière telle qu'il est privé de la possibilité de se nuire à soi-même et de recevoir la vie, qu'il peut avoir perdue par guerre ou par infortune, voire par sa propre fainéantise, en même temps que toute nourriture et toutes autres choses nécessaires à la vie et à la santé, à la seule condition d'être placé sous une autorité[145].

Alors que, dans les *Éléments*, son dernier mot avait été que les sujets ne sont guère plus libres que des esclaves, il préfère maintenant souligner que même les esclaves ne sont guère moins libres que des sujets.

Ce renversement de perspective permet à Hobbes de mettre en scène un ultime coup d'éclat rhétorique, plus global. Les partisans des démocraties et des États libres se sont toujours plu à rappeler qu'ils prônaient des régimes où il est donné à chacun de vivre en *civis* ou citoyen, et donc en homme libre*, plutôt qu'en esclave. Dans les *Éléments*, Hobbes avait essayé de réduire l'écart en affirmant que les citoyens des démocraties n'échappaient pas à la condition de serviteurs, voire d'esclaves. Cette stratégie l'avait obligé à présenter sa théorie de façon à éviter toute mention des citoyens, et de fait le terme n'apparaît nulle part dans les *Éléments*. Dans le *De cive*, en revanche, il déclare que les sujets de souverains absolus ne sont pas moins fondés que ceux qui vivent dans des démocraties ou des États libres à se penser comme possédant la *libertas civilis*. En dernier ressort, il se retrouve non seulement tout aussi capable que ses adversaires de présenter son propos comme une véritable théorie de la citoyenneté ; mais il peut même, fort justement, intituler son livre : *De cive*, « Du citoyen ».

---

145. *Ibid.*, 9. 9. p. 167 : « *Non igitur reperio quid sit de quo vel servus quisquam conqueri possit eo nomine quod* libertate *careat, nisi miseria sit, ita cohiberi ne ipse sibi noceat, & vitam, quam bello vel infortunio, vel demum inertia sua amiserat, una cum omnibus alimentis, & omnibus rebus ad vitam & sanitatem necessariis ea lege recipere ut regatur.* »

5.

Léviathan : liberté redéfinie

I.

Après la publication du *De cive* au printemps 1642, Hobbes reprit son travail sur le premier volume de ses éléments de philosophie en trois parties. Afin de se ré-immerger dans l'étude du monde physique, il commença par écrire un commentaire critique du *De mundo* de Thomas White[1], publié à Paris en septembre 1642[2]. Thomas White était un prêtre catholique anglais et un compagnon d'exil bien connu de Hobbes[3], qui ébaucha sa critique au cours de l'hiver 1642-1643[4]. Il en résulta un manuscrit de vastes proportions, qui examine des sujets aussi divers que le lieu, la cause, le mouvement, la création des corps célestes et leur comportement. Sur bien des points, et notamment quand il critique les idées de White sur la causalité et la liberté de la volonté, c'est sur sa nouvelle conception de la liberté qu'il fonde sa discussion. Au chapitre 37 par exemple, quand il en vient plus particulièrement à l'examen des relations entre liberté et Providence, Hobbes commence ainsi :

---

1. Hobbes 1973 ; pour le manuscrit, voir B.N. Fonds Latin MS 6566A.
2. Southgate 1993, p. 7.
3. Sur White et Hobbes, voir Southgate 1993, pp. 7-8, 28-29.
4. Jacquot et Jones 1973, pp. 43-45.

> Quant à la question du libre arbitre, il faut savoir d'abord que la liberté consiste dans le mouvement… Est libre, en effet, ce dont le mouvement ne rencontre aucune opposition : la liberté est l'absence d'oppositions au mouvement. Une chose est dite libre dans la seule mesure où le chemin qu'elle suit est celui sur lequel son mouvement ne rencontre aucune opposition[5].

L'idée que la liberté est simplement un prédicat des corps constitua par la suite un élément fondamental de la théorie générale de la matière que Hobbes s'efforça de construire dans les années 1640 et qu'il finit par publier sous le titre *De corpore* en 1655[6].

Hobbes nous informe dans son autobiographie, avec un soupçon de suffisance, qu'en 1649, année fatidique, il crut être de son devoir d'interrompre ses travaux. Il se rappelle à quel point il fut bouleversé d'apprendre non seulement la défaite finale et l'exécution de Charles Ier, mais la volonté des ennemis du roi d'attribuer leur succès aux œuvres de la Providence divine :

> J'avais alors décidé d'écrire le *De corpore*
> Dont tout le contenu avait été préparé.
> Mais je suis contraint de différer : souffrir que de telles horreurs, et si nombreuses
> Soient imputées comme des crimes de Dieu, je ne le veux pas.
> Je décide d'innocenter d'abord les lois divines[7].

Le fruit de cette résolution, poursuit-il, fut la composition du *Léviathan*, un ouvrage qui « combat maintenant pour tous les

---

5. Hobbes 1973, 37. 3, pp. 403-404.

6. Skinner 2002a, vol. 3, pp. 15, 23 ; cf. Leijenhorst 2002, pp. 187-217 sur les développements ultérieurs de la théorie de Hobbes sur les corps et le mouvement.

7. *Hobbes, vies d'un philosophe, op. cit.*, p. 150-151 ; ici ce sont les vers 193-197.
   Tunc ego decreram De corpore scribere librum,
   Cuius materies tota parata fuit.
   Sed cogor differe ; pati tot tantaque fœda
   Apponi iussus crimina, nolo, Dei.
   Divinas statuo quam primum absolvere leges.

rois, et pour ceux qui / Sous n'importe quel nom, détiennent les droits royaux[8] ».

II.

Quand, dans l'introduction du *Léviathan*, Hobbes expose la structure qui fonde son propos, il commence par établir explicitement une distinction qui n'avait été qu'implicite dans les *Éléments* et dans le *De cive*. La distinction, telle qu'il l'établit dorénavant, passe entre deux mondes différents que nous habitons simultanément : l'un est décrit comme le monde de la nature, et l'autre comme le monde de l'artifice[9]. Le monde de la nature est fait de corps en mouvement, la vie elle-même n'étant rien d'autre qu'un « mouvement des membres[10] ». C'est un monde gouverné par les lois de la nature, dans lequel n'entre pas la loi humaine et qui, partant, ignore tout de la justice[11]. Le monde de l'artifice est quant à lui centré sur un corps que nous avons nous-mêmes créé afin de régler nos relations les uns avec les autres. Le nom de cet « homme artificiel » est la République* ou l'État, dans lequel « la *souveraineté* est une *âme* artificielle », puisque les magistrats y sont des « *articulations* artificielles » et les lois « une *raison* et une *volonté* artificielle »[12]. Ce corps politique prend naissance avec la conclusion de pactes et de conventions, qui ont pour effet d'unir ses éléments d'une manière comparable au « *Fiat* ou au *Faisons l'homme* que prononça Dieu lors de la création[13] ».

Que devient le concept de liberté dans ce schéma ? Supposons que, pour répondre à cette question, nous commencions par le début du *Léviathan* et nous enquérions d'abord d'éplucher sa table

---

8. *Ibid.*, p. 177 ; ici ce sont les vers 207-208.

   Militat ille liber nunc regibus omnibus, et qui

   Nomine sub quovis regia iura tenent.

9. Pour des discussions générales de cette distinction, voir Rossini 1988 et Ferrarin 2001, pp. 161-184.

10. Hobbes, *Léviathan, op. cit.*, p. 5.

11. *Ibid.*, p. 126.

12. *Ibid.*, p. 5-6.

13. *Ibid.*, p. 6.

des matières. Il saute aux yeux que Hobbes y assigne une place bien plus éminente au concept de liberté que dans aucun de ses précédents livres. Ni dans les *Éléments*, ni dans le *De cive* il n'y avait de chapitre spécialement consacré au thème, alors que le chapitre 21 du *Léviathan* a pour titre « De la Liberté des sujets »[14]. Qui plus est, si nous passons directement à la section correspondante du texte de Hobbes, nous nous trouvons devant un des plus remarquables développements de sa philosophie civile[15]. Là où il avait auparavant défini la liberté – d'abord dans le *De cive*, puis à nouveau dans sa critique de White – comme l'absence d'opposition au mouvement, il la définit maintenant comme l'absence d'obstacles *extérieurs* au mouvement. Les premiers mots du chapitre 21 sont les suivants :

> Les mots de LIBERTY ou de FREEDOM[16] désignent proprement l'absence d'opposition (j'entends pas opposition : les obstacles extérieurs au mouvement) et peuvent être appliqués à des créatures sans raison, ou inanimées, aussi bien qu'aux créatures raisonnables. Si en effet une chose quelconque est liée ou entourée de manière à ne pouvoir se mouvoir, si ce n'est à l'intérieur d'un espace déterminé, délimité par l'opposition de quelque corps extérieur, on dit que cette chose n'a pas la liberté d'aller plus loin[17].

Hobbes croit maintenant que, chaque fois que nous parlons de liberté « selon la signification propre de ce mot », nous ne pouvons parler de quoi que ce soit d'autre que de « l'absence d'obstacles extérieurs »[18]. Après avoir déjà clairement signifié ce point dans le chapitre 14, il confirme maintenant que la liberté « proprement nommée » est simplement la « liberté corporelle », celle que les corps ont de se mouvoir sans obstacle physique extérieur[19].

---

14. *Ibid.*, p. vi.

15. Voir Hood 1967. Je dois beaucoup à cette discussion.

16. Les deux substantifs étant strictement synonymes, les traducteurs les laissent en anglais. Précisons, puisque c'est l'occasion ici, que dans cette traduction nous n'avons pas fait de différence entre les deux termes ni même signalé l'emploi de l'un ou de l'autre (*NdT*).

17. Hobbes, *Léviathan*, *op. cit.*, p. 221.

18. *Ibid.*, p. 128.

19. *Ibid.*, p. 223.

Par cette nouvelle définition, Hobbes non seulement modifie mais même contredit sa précédente ligne de pensée. Quand, dans le *De cive*, il avait défini le concept de liberté, il avait soutenu que la liberté humaine peut être enlevée soit par opposition absolue, qui nous empêche d'exercer notre pouvoir selon notre volonté, soit par opposition arbitraire, qui entrave la volonté elle-même. Mais dans le *Léviathan*, le concept d'opposition arbitraire est tacitement abandonné. Il ne reste qu'une seule sorte d'obstacles susceptibles d'enlever la liberté : ceux qui ont pour effet d'enlever physiquement à un corps une partie du pouvoir de faire ce qu'il voudrait[20]. Plus précisément, comme nous l'avons vu, il s'agit de ces formes d'opposition qui ont pour effet de lier ou de circonscrire un corps, de telle sorte qu'il ne peut plus se mouvoir, parce qu'il se voit empêché dans l'absolu d'accomplir les mouvements dont il est naturellement capable.

Aux yeux de Hobbes, ces considérations s'appliquent non moins aux créatures vivantes qu'aux corps inanimés tel – selon son exemple récurrent – un volume d'eau. Sa pensée s'oppose ici, dans un contraste on ne peut plus marqué, à ce que ses analyses précédentes avaient acquis. Ayant éliminé le concept d'opposition arbitraire, il nous assure maintenant que « la liberté de l'homme » ne consiste en rien de plus que sa découverte qu'« il n'est pas arrêté » et par là empêché d'agir selon sa volonté[21]. La seule forme de liberté humaine qui « est proprement nommée *liberté* » réside en l'absence de tels obstacles absolus au mouvement[22]. C'est pour cette raison, pour ne rien dire des autres, que l'affirmation selon laquelle il n'y aurait pas, d'une étape à l'autre du développement de la théorie politique de Hobbes, « de transformation majeure dans sa conception de la liberté » est totalement indéfendable[23].

La nouvelle définition de Hobbes ne jaillit pas toute armée des pages du *Léviathan*. L'annonce originelle remonte à 1645, l'année au cours de laquelle il produisit sa première réplique à John Bramhall sur la liberté de la volonté. Cette manche initiale du long

---

20. *Ibid.*, p. 128.
21. *Ibid.*, p. 222.
22. *Ibid.*, p. 223.
23. Pettit 2005, p. 150.

combat entre Hobbes et Bramhall fut mise en scène par William Cavendish, le comte de Newcastle, que nous avons déjà rencontré au début des années 1630, puisqu'il était à cette date le patron de Hobbes. Quand la guerre civile éclata à l'automne 1642, Charles Ier nomma Newcastle commandant de ses armées dans le nord de l'Angleterre, et il l'éleva au marquisat en 1643, en récompense de ses services actifs et munificents en faveur de la cause royaliste. Le désastre devait cependant s'abattre sur Newcastle quand il se retrouva confronté aux forces parlementaires coalisées à la bataille de Marston Moor en juillet 1644. Défait, il subit de terribles pertes et ne dut son salut qu'à une fuite immédiate et honteuse. Il se réfugia aux Pays-Bas avant de rejoindre, au printemps 1645, la cour de la reine Henriette Marie dans son exil parisien, où il s'immergea dans les cercles érudits et renoua ses liens avec Hobbes[24].

Selon les *Questions concernant la liberté*, ce fut peu de temps après son arrivée à Paris que Newcastle invita Hobbes et Bramhall à débattre en sa présence de la liberté de la volonté[25]. Par la suite, Hobbes consigna par écrit sa version de l'entretien sous la forme d'une lettre à Newcastle qu'il semble avoir rédigée pendant l'été 1645[26]. Mais sa lettre fut bien plus que l'enregistrement de sa réponse, car Hobbes annonça dans les dernières pages qu'un grand nombre de nouvelles idées lui était «venues à l'esprit relativement à cette question depuis que je l'ai examinée pour la dernière fois» pendant le débat avec Bramhall[27]. Parmi ces idées figurait en bonne place sa nouvelle conception de la liberté, qu'il entreprit d'énoncer pour la première fois. «Il me paraît», déclare-t-il maintenant, «qu'on définit correctement la *liberté* de cette manière: *la liberté est l'absence de tous les obstacles à l'action qui ne sont pas contenus dans la nature et la qualité intrinsèque de l'agent*»[28]. Ce à quoi il ajoute, une page ou deux plus loin, que cela revient à peu près à dire que «la liberté est l'absence

---

24. Trease 1979, pp. 134-145.

25. Hobbes, *Les Questions concernant la liberté, la nécessité et le hasard, op. cit.*, p. 48; cf. Hobbes, *De la liberté et de la nécessité, op. cit.*, p. 55.

26. Voir Lessay 1993, pp. 31-38; sur le cercle de Newcastle à Paris, voir Jacob et Raylor 1991, pp. 215-222.

27. Hobbes, *De la liberté et de la nécessité, op. cit.*, p. 116.

28. *Ibid.*, p. 108 (traduction modifiée).

d'obstacles extérieurs » et qu'elle n'est enlevée par aucune limitation « intrinsèque » de la part de l'agent impliqué[29].

Hobbes n'entendait pas que sa lettre à Newcastle fût jamais publiée, et il supplia instamment Newcastle de ne révéler ses conclusions « qu'à Monseigneur l'Évêque[30] ». Mais, comme il s'en plaignit plus tard dans les *Questions concernant la liberté*, sa confiance fut trahie[31]. Un gentilhomme français de ses amis qui avait eu vent de la lettre mais ne comprenait pas l'anglais demanda la permission à Hobbes de la faire traduire par un jeune Anglais qui, comme Hobbes le remarque, était « de ses relations[32] ». Ce jeune homme, que Hobbes décrit comme une plume leste, profita de l'occasion pour en faire une copie à son propre usage et, à l'insu de Hobbes, entreprit de la publier. La lettre apparut en bonne et due forme sous le titre qui sert à la désigner depuis cette date : *Of Liberty and Necessity*.

Le moment auquel Hobbes changea d'avis sur la définition de la liberté peut donc être daté avec quelque précision des mois qui s'écoulèrent entre son débat avec Bramhall du printemps 1645 et sa lettre à Newcastle un peu plus tard la même année. Néanmoins, la réapparition de cette nouvelle définition dans le *Léviathan* revêt une grande importance historique. Il fallut attendre 1654 pour que le jeune Anglais à la plume leste (qui était en fait John Davies, l'historien de la guerre civile) réussisse à faire paraître le *Of Liberty and Necessity*[33] ; et, à cette date, la nouvelle doctrine de la liberté et de l'action libre de Hobbes était publiée depuis trois ans. S'il est vrai que l'annonce de cette nouvelle définition se trouve dans la lettre à Newcastle, c'est par le *Léviathan* que Hobbes la fit connaître au monde.

---

29. *Ibid.*, p. 111 (traduction modifiée).

30. *Ibid.*, p. 116. Sur la signification du désir de Hobbes de garder le secret, voir Hoekstra 2006a, pp. 52-54.

31. Pour le récit des événements par Hobbes lui-même, voir Hobbes, *Les Questions concernant la liberté, la nécessité et le hasard, op. cit.*, pp. 70-71.

32. *Ibid.*, p. 70.

33. Parkin 2007, pp. 153-154.

III.

Qu'est-ce qui peut avoir incité Hobbes à changer d'avis quant à la définition de la liberté? Je crois qu'on peut apporter au moins deux réponses différentes à cette question, car il existe deux manières différentes de répondre. D'abord et avant tout, le travail que Hobbes mit en œuvre pour exposer de nouveau sa définition de manière à exclure les concepts d'obstacles arbitraires ou intrinsèques lui permit de régler un grand nombre de détails qu'il avait laissés en suspens dans ses précédents exposés.

Un des problèmes que posent les *Éléments* ainsi que le *De cive* est qu'ils ne tirent pas bien au clair la relation qu'ils se contentent de décréter entre le fait de posséder la liberté d'agir et celui de posséder le pouvoir d'accomplir l'action en cause. Ce n'est qu'après être parvenu à construire la distinction entre obstacles extérieurs et limitations intrinsèques que Hobbes put enfin formuler une distinction tout aussi claire entre liberté et pouvoir.

La lettre à Newcastle nous donne à lire la première tentative de Hobbes pour articuler cette distinction, qu'il applique alors au mouvement des corps naturels, prenant là encore l'exemple d'un volume d'eau.

> On dit que l'eau descend librement, ou qu'elle a la liberté de descendre en suivant le tracé de la rivière, parce qu'il n'y a pas d'obstacle dans ce sens, ce qui n'est pas le cas en travers, parce que les rives sont des obstacles; et bien que l'eau ne puisse monter, on ne dit jamais, pour autant, qu'il lui manque la liberté de monter, mais la *faculté* ou la *puissance* parce que l'obstacle est dans la nature de l'eau, et intrinsèque[34].

Les mêmes considérations sont ensuite appliquées *pari passu* aux mouvements des corps humains :

> De même, nous disons qu'à celui qui est attaché il manque la *liberté* de partir, parce que l'obstacle n'est pas en lui, mais dans ses liens; mais

---

34. Hobbes, *De la liberté et de la nécessité, op. cit.*, p. 108 (traduction modifiée).

nous n'en disons pas autant de celui qui est malade ou estropié, parce que l'obstacle est en lui[35].

Autrement dit, alors que les obstacles intrinsèques enlèvent le pouvoir, seuls les obstacles extérieurs enlèvent la liberté.

Hobbes fournit une version plus lumineuse encore de son argument au début du chapitre 21 du *Léviathan*, où, rappelons-le, il apparaît pour la première fois sous forme imprimée :

> C'est ainsi qu'on a coutume de dire des créatures vivantes, lorsqu'elles sont emprisonnées ou retenues par des murs ou des chaînes, ou de l'eau lorsqu'elle est contenue par des rives ou par un récipient, faute de quoi elle se répandrait dans un espace plus grand, que ces choses n'ont pas la liberté de se mouvoir de la manière dont elles le feraient en l'absence de ces obstacles extérieurs. Cependant quand même, on a coutume de dire qu'il lui manque, non pas la liberté, mais le pouvoir de se mouvoir : c'est le cas lorsqu'une pierre gît immobile ou qu'un homme est cloué au lit par la maladie[36].

Ici Hobbes invoque, pour aussitôt le récuser, un *topos* scolastique classique, selon lequel (comme Roderico de Arriaga l'avait exprimé dans ses *Disputationes* de 1644) on peut dire de « quelqu'un qui est empêché de marcher par une maladie intrinsèque et [de] quelqu'un qui est extrinsèquement retenu de le faire parce qu'il est dans des liens » qu'ils sont « privés ici et maintenant de la liberté de marcher »[37]. Au contraire, réplique Hobbes, les deux cas doivent être distingués catégoriquement. Si, dans l'accomplissement d'une action qui est en votre pouvoir, vous rencontrez une opposition extrinsèque, alors vous êtes dépouillé de votre capacité normale à agir, et l'on peut dire que vous avez perdu votre liberté. Mais si vous ne vous heurtez, dans cet accomplissement, à aucune opposition autre qu'une faiblesse intrinsèque à votre constitution, ce dont vous manquez, ce n'est pas de liberté, mais de pouvoir individuel. Vous n'êtes ni libre d'accomplir l'action ni non libre de

---

35. *Ibid.* (traduction modifiée).
36. Hobbes, *Léviathan, op. cit.*, p. 221.
37. Arriaga 1643-55, vol. 3, 6. 1 (p. 45 col. 2 to p. 46 col 1). Je dois cette référence à Annabel Brett.

l'accomplir ; vous en êtes simplement incapable, et la question de la liberté ne se pose pas[38].

Un second détail inexpliqué tenait aux propos apparemment équivoques de Hobbes sur la question de savoir s'il faut distinguer entre agir sous la contrainte et agir volontairement. Quoiqu'il ait donné une réponse affirmative au chapitre 22 des *Éléments*, sa conclusion contredisait sa conception généralement anti-aristotélicienne de l'action volontaire, selon laquelle un homme qui jette ses biens dans la mer par crainte de se noyer n'agit pas contre sa volonté. Cette tension n'avait fait que croître par l'introduction, dans le *De cive*, du concept d'opposition arbitraire : comme nous l'avons vu, les obstacles arbitraires enlèvent la liberté d'action, et la crainte est un exemple de ce type d'opposition. Il s'ensuit donc que la crainte enlève la liberté ; or, c'est là une doctrine que Hobbes contredit dans d'autres passages du *De cive* comme des *Éléments*, en particulier quand il se demande si les conventions extorquées par la crainte procèdent d'un consentement volontaire[39].

Mais la distinction entre obstacles extérieurs et intrinsèques permet de résoudre ces problèmes. Dans cette nouvelle version de l'argument, seul un obstacle extérieur peut enlever la liberté, et la crainte n'est clairement pas un exemple d'obstacle extérieur. Bien au contraire, comme Hobbes le définit au chapitre 6 du *Léviathan*, la crainte est un des « commencements intérieurs » du mouvement volontaire[40]. Comme dans le cas précédent, cette solution apparaît pour la première fois dans la lettre à Newcastle[41], mais elle réapparaît au chapitre 21 du *Léviathan*. Revenant à l'exemple d'Aristote, Hobbes couronne son propos par une de ses plaisanteries les plus sinistres. Il déclare maintenant que « quand un homme jette à la mer ce qui lui appartient, par *crainte* de voir le vaisseau sombrer », il agit non seulement volontairement, mais même *tout à fait* volontairement[42].

---

38. Gauthier 1969, pp. 62-66 examine la cohérence de cette position ; Kramer 2001 met en doute la distinction entre liberté et pouvoir d'agir.

39. Hobbes, *Éléments de la loi naturelle et politique, op. cit.*, I, 15, 13, p. 190 ; Hobbes 1983, 2. 16, p. 104.

40. Hobbes, *Léviathan, op. cit.*, p. 46, 50.

41. Hobbes, *De la liberté et de la nécessité, op. cit.*, p. 102, 105.

42. Hobbes, *Léviathan, op. cit.*, p. 222. C'est moi qui souligne *tout à fait*.

Quand nous disons qu'un homme agit selon sa volonté, cela revient-il à dire qu'il agit librement ? Au chapitre 23 des *Éléments*, Hobbes avait répondu par la négative, distinguant explicitement agir librement et agir sous la contrainte. Il n'explique cependant jamais cette distinction, et l'on ne trouve rien, ni dans sa lettre à Newcastle, ni même dans le *Léviathan*, qui éclaire ou développe cet argument[43]. Tout au plus parvient-il à dire dans ce dernier texte – revenant à l'exemple de l'homme qui jette ses biens à la mer – qu'il « lui serait loisible de refuser de le faire si telle était sa volonté » et donc que « c'est l'action d'un homme qui était *libre* »[44]. Mais cette formulation ne laisse guère de doute sur le sens de sa pensée : il veut par là seulement dire que l'homme était libre d'accomplir cette action ou de refuser de l'accomplir ; quant à savoir si l'action elle-même fut accomplie librement ou non, il ne se prononce toujours pas.

Il nous faut cependant nous tourner vers les *Questions concernant la liberté* pour avoir une solution à ce problème[45]. Stimulé par Bramhall, Hobbes introduit maintenant – pour la première fois – une distinction sans ambiguïté entre les agents, qui peuvent être ou ne pas être libres d'agir, et les actions, qui peuvent être accomplies librement ou non. S'agissant des agents, il soutient comme auparavant qu'ils sont libres d'agir tant qu'ils ne rencontrent pas d'oppositions extérieures[46]. S'agissant des actions, il indique maintenant que, si elles sont accomplies volontairement, cela revient à dire qu'elles sont accomplies librement, car « libre et volontaire sont la même chose[47] ». Confronté à la réaction indignée de Bramhall qui lui reproche de réduire ainsi la notion d'action libre au fait d'agir à son gré, Hobbes répond allégrement : « J'estime en effet que tous les actes volontaires sont libres et que tous les actes libres sont volontaires[48]. »

---

43. Hobbes, *De la liberté et de la nécessité, op. cit.*, p. 108. Mais il est à peine besoin d'ajouter que dans ce cas la question de la relation avec le fait d'agir selon sa volonté ne se pose pas.

44. Hobbes, *Léviathan, op. cit.*, p. 222.

45. Mais Hobbes 1973, 33. 3, p. 377 semble déjà suggérer qu'un homme qui agit sous la contrainte peut néanmoins être dit agir librement *(libere)*. Il est peut-être surprenant que cette formule ne parvienne pas à refaire surface dans sa lettre à Newcastle.

46. Hobbes, *Les Questions concernant la liberté, la nécessité et le hasard, op. cit.*, pp. 100-101.

47. *Ibid.*, p. 232.

48. *Ibid.*, p. 346.

Ayant pour le moins clarifié sa position, Hobbes s'emploie à l'intégrer dans sa théorie politique et il y parvient finalement dans la version latine du *Léviathan*, qu'il fait paraître en 1668[49]. Dans la version anglaise de 1651, le passage complet que nous avons analysé est rédigé de la façon suivante :

> Ainsi quand un homme jette à la mer ce qui lui appartient, par *crainte* de voir le vaisseau sombrer, il le fait néanmoins tout à fait volontairement, et il lui serait loisible de refuser de le faire si telle était sa volonté. C'est donc l'action d'un homme qui était *libre*. De même, on paie parfois ses dettes par simple *crainte* d'aller en prison : un tel acte étant donné qu'aucun corps n'empêchait le débiteur de garder l'argent, était l'acte d'un homme disposant de sa *liberté*[50].

Dans la traduction de 1668, cet argument est en même temps simplifié et tout à la fois réécrit de manière à souligner la distinction que Hobbes n'avait encore jamais réussi à formuler jusque-là :

> Quand un homme, par peur du naufrage, jette ses marchandises à la mer, il le fait sans contrainte, et il pouvait ne pas le faire s'il n'avait pas voulu le faire. Il l'a donc fait *librement*. Il en va de même de celui qui s'acquitte d'une dette par peur de la prison : il paye *librement*[51].

Ici Hobbes articule explicitement le présupposé que Bramhall lui avait arraché douze ans auparavant : l'action volontaire et l'action libre sont simplement deux noms pour désigner la même idée.

Enfin, et c'est le point le plus important, la nouvelle définition permet à Hobbes de dissiper les doutes qui pouvaient encore planer sur la compatibilité entre ses deux analyses, fort différentes, des limites de la liberté. D'un côté, il avait soutenu que nous restons libres aussi longtemps que nous en sommes encore en train de déli-

---

49. La version latine du *Léviathan*, qui parut pour la première fois en 1668 dans les *Opera Philosophica* de Hobbes, fut publiée à Amsterdam par Johan Blaeu ; le même éditeur fit sortir le *Léviathan* dans un volume séparé en 1670. Voir Macdonald et Hargreaves 1952, pp. 34, 77-78, et cf. Skinner 2002a, vol. 3, p. 29. Pour la correspondance concernant l'édition de 1668, voir Hobbes 1994, vol. 2, p. 693.

50. Hobbes, *Léviathan, op. cit.*, p. 222.

51. *Ibid.*, p. 170.

bérer ; mais, de l'autre, il avait aussi soutenu que nous restons libres à moins d'être retenus par quelque opposition d'accomplir une action en notre pouvoir. Quelle relation sous-entendue nous faut-il établir entre ces deux analyses ? L'affirmation qu'un homme qui, après avoir dûment délibéré, décide d'accomplir une action spécifique met un terme à sa liberté est une constante dans la pensée de Hobbes. Mais en même temps, est-il maintenant capable d'ajouter, il faut tenir pour libre un homme qui accomplit une action en son pouvoir si, au moment où il décide d'agir, son action n'est entravée par aucun obstacle extérieur. Bien qu'il mette un terme à sa liberté, c'est en agissant librement qu'il le fait. Les deux analyses finissent par se raccorder.

IV.

Je me suis jusqu'à présent concentré sur les raisons internes à sa théorie qui ont poussé Hobbes à introduire cette nouvelle définition de la liberté dans le *Léviathan*. Mais il eut aussi d'incontestables raisons extérieures de souhaiter redéfinir ce concept dans le but d'en d'élargir la portée et la pertinence. En opérant ce changement, il se donna les moyens de monter une puissante attaque contre nombre de nouveaux ennemis de la souveraineté absolue dont les opinions, à force de gagner du terrain, avaient fini par exercer une domination funeste sur l'Angleterre durant toute la période qui suivit la publication du *De cive* en 1642[52].

Il ne fallut pas longtemps à Hobbes pour identifier ces nouveaux adversaires intellectuels : dans les dernières pages du *Léviathan*, il pointe un doigt accusateur sur deux groupes. L'un est constitué du clergé séditieux, qu'il soit romain ou presbytérien[53], dont les doctrines civiles et morales sont maintenant stigmatisées comme de purs enchantements d'esprits trompeurs[54]. Hobbes renouvellera son

---

52. Metzger 1991, pp. 13-53 et Sommerville 1996 montrent très bien comment Hobbes conçut sa théorie politique pour soutenir des groupes et des convictions spécifiques dans les années 1640. Ils ne développent cependant pas assez leur propos sur le point précis de sa théorie de la liberté, et ma présente discussion peut être lue comme un complément à leurs analyses.

53. Hobbes, *Léviathan*, *op. cit.*, p. 702.

54. *Ibid.*, p. 721.

attaque par la suite, et cela sur un ton encore plus virulent, dans le *Béhémoth*, son histoire des guerres civiles, ébauchée au cours de la décennie qui suivit la restauration de la monarchie en 1660[55]. «Les ministres presbytériens», déclare-t-il maintenant, «furent ceux qui prêchèrent avec le plus de diligence la récente sédition»[56]. Ce sont eux qui parvinrent à «faire croire au peuple qu'il était opprimé par le roi», et ce sont eux plus que quiconque qui surent convaincre le peuple de ce que la rébellion était justifiée[57].

Quant à l'autre groupe d'ennemis visé à la fin du *Léviathan*, il rassemble ceux que Hobbes accuse d'avoir empoisonné les sources de la doctrine civile et morale avec le venin des auteurs politiques païens[58]. Hobbes précise qu'il fait ici allusion aux «beaux messieurs démocrates», comme il aime à les appeler, c'est-à-dire à ces hommes qui tirent leurs principes politiques des «livres de politique et d'histoire des anciens Grecs et Romains»[59]. Dans le chapitre 29 du *Léviathan*, consacré à l'examen *«Des choses qui affaiblissent la République* ou qui tendent à sa dissolution»*, Hobbes désigne l'étude et l'enseignement de ces auteurs classiques comme «une des causes les plus fréquentes» de «la rébellion, en particulier lorsqu'elle se dresse contre une monarchie»[60]. Les mêmes accusations sont encore lancées dans le *Béhémoth*, où Hobbes condamne encore plus lourdement les beaux messieurs démocrates[61], puisqu'il les dénonce

---

55. Il n'existe pas d'édition correcte du *Béhémoth*, même si l'édition définitive de Paul Seaward doit paraître sous peu dans l'édition Clarendon des *Œuvres* de Hobbes. En attendant, j'ai choisi de citer d'après la copie manuscrite révisée par Hobbes lui-même, qui est conservée au St John's College d'Oxford sous la cote MS 13, quoique j'aie ajouté des références à la pagination de l'édition moderne courante (Hobbes 1969b). Le manuscrit de St John's College est folioté ainsi que paginé ; j'ai préféré suivre sa pagination quand je donne les références. Le manuscrit est de la main du dernier secrétaire de Hobbes, James Wheldon, avec des corrections et coupures de la main de Hobbes. Nous utilisons la traduction française citée en bibliographie *(NdT)*. Sur son secrétaire Wheldon, voir Skinner 2005a, pp. 156-157.

56. Hobbes, *Béhémoth ou le Long Parlement*, introduction, traduction, notes, glossaires et index par Luc Borot, Paris, Vrin, 1990, p. 86 ; cf. Hobbes 1969b, p. 47.

57. Hobbes, *Béhémoth ou le Long Parlement*, *op. cit.*, pp. 65, 95, 201 ; cf. Hobbes 1969b, pp. 26, 57, 159.

58. Hobbes, *Léviathan*, *op. cit.*, p. 721.

59. *Ibid.*, pp. 348, 227. Pour les *Democraticall writers*, voir référence note 61.

60. *Ibid.*, pp. 342, 348.

61. Hobbes, *Béhémoth ou le Long Parlement*, *op. cit.*, p. 65 ; cf. Hobbes 1969b, p. 26.

maintenant comme «les adversaires les plus déterminés des intérêts du roi» et les principaux fomentateurs, de conserve avec les prédicateurs presbytériens, de la récente trahison et des guerres civiles[62].

Ce que Hobbes déteste le plus chez les thuriféraires de la démocratie, c'est que, du fait de leur vénération déplacée pour l'Antiquité, ils ont popularisé un grand nombre de croyances erronées sur le concept de liberté. Ils se sont laissés facilement prendre au piège de cette dénomination spécieuse, selon les propres mots de Hobbes; et, «à la lecture de ces auteurs grecs et latins», ils ont pris la fatale habitude d'encourager les tumultes «sous des dehors trompeurs de liberté»[63]. Il en résulta «une telle effusion de sang que je crois pouvoir dire en toute vérité que jamais rien ne fut payé plus cher que l'accès de nos pays d'Occident à la connaissance du grec et du latin[64]». Les mêmes accusations sont répétées dans le *Béhémoth*, où Hobbes revient sur la désastreuse influence exercée par «les livres écrits par les hommes fameux des anciennes républiques* grecques et romaines[65]». «Car peuvent-ils être de bons sujets de la monarchie», s'interroge-t-il, ceux dont les principes sont empruntés à ces soi-disant amis de la liberté, «qui parlent rarement des rois sans les traiter de loups ou autres noms de bêtes rapaces»[66]?

Ce qui, pour Hobbes, est à l'origine de tous les troubles, c'est la croyance erronée selon laquelle un homme libre*, ce serait simplement un homme qui vit hors de la férule d'un pouvoir arbitraire, et donc que le seul espoir de jouir de la liberté, pour un homme, serait de vivre dans un État libre, par opposition à une monarchie. Le chapitre 21 du *Léviathan* rappelle que telle était originairement la conception des anciens Athéniens, à qui il était enseigné «qu'ils étaient des hommes libres, et que tous ceux qui vivaient sous une monarchie étaient esclaves[67]». Par la suite, la même doctrine devint un article de foi chez les Romains, à qui «la haine de la monarchie»

---

62. Hobbes, *Béhémoth ou le Long Parlement, op. cit.*, pp. 68, 78; cf. Hobbes 1969b, pp. 28, 39.
63. Hobbes, *Léviathan, op. cit.*, pp. 228, 229.
64. *Ibid.*, p. 229.
65. Hobbes, *Béhémoth ou le Long Parlement, op. cit.*, p. 42; cf. Hobbes 1969b, p. 3.
66. Hobbes, *Béhémoth ou le Long Parlement, op. cit.*, p. 201; cf. Hobbes 1969b, p. 158.
67. Hobbes, *Léviathan, op. cit.*, p. 228.

avait été pareillement enseignée[68]. Maintenant, affirme-t-il, c'est devenu la croyance centrale de nos théoriciens de la démocratie les plus contemporains, qui continuent à prêcher «que les sujets d'une République* populaire jouissent de la liberté, alors que dans une monarchie tous seraient esclaves[69]». Une fois encore, Hobbes reprend ces accusations dans le *Béhémoth*, où il enfonce le clou dans des termes encore plus hostiles. Non seulement il renouvelle sa dénonciation des textes classiques dans lesquels le gouvernement républicain est «célébré sous le nom glorieux de liberté, et la monarchie dépréciée sous celui de tyrannie[70]», mais il ajoute explicitement que «la majeure partie de la Chambre des communes», lorsque la guerre civile anglaise éclata, était justement composée de lecteurs et d'admirateurs de ces textes séditieux[71].

Hobbes avait indubitablement raison de souligner que, dans la décennie qui suivit la publication du *De cive*, ces arguments prirent une prépondérance sans précédent dans le débat public anglais. Après l'explosion de la guerre civile, les protagonistes du Parlement ne manquèrent pas une occasion de marteler qu'il était d'une importance cruciale de vivre en hommes libres* et non pas en vassaux ou en esclaves de rois absolus. Dès septembre 1642, c'est-à-dire à une date précoce, John Marsh rappela à ses lecteurs qu'en Angleterre la liberté des sujets est «fondée sur la *Magna Charta*», avec sa défense et sa justification de la condition de *liber homo* ou d'homme libre*[72]. L'auteur anonyme de *A Soveraigne Salve (Un baume souverain)* insista à son tour, quelques mois plus tard, sur la nécessité de savoir «comment conduire et gouverner des hommes libres*», ajoutant que de cet art politique relevait la connaissance des moyens pour les diriger de façon qu'ils ne soient pas «rendus esclaves par les manières et les vices d'autrui»[73]. William Prynne faisait remarquer de la même manière, en juin 1643, dans son *Soveraigne Power of Parliaments (Le Pouvoir souverain des Parlements)*, que les Anglais étaient des *hom-*

---

68. *Ibid.*

69. *Ibid.*, p. 349.

70. Hobbes, *Béhémoth ou le Long Parlement, op. cit.*, p. 42 ; cf. Hobbes 1969b, p. 3.

71. *Ibid.*

72. Marsh 1642, pp. 8, 33.

73. Anonyme, *A Soveraigne Salve*, 1643, p. 36.

*mes libres**, qui n'institueraient jamais volontairement un gouvernement, quel qu'il soit, sous lequel ils « se rendraient eux-mêmes et leur *Postérité* des *esclaves* absolus et à jamais des *vassaux*[74] ».

Aucun de ces auteurs ne va pourtant jusqu'à en tirer la conséquence républicaine que seule la mise en place d'un État libre peut nous permettre d'échapper à une telle servitude. Il faut attendre l'exécution de Charles Ier pour commencer à rencontrer précisément cette proposition. Par exemple, l'Acte de 1649 portant abolition officielle de la fonction de roi exprime dans les termes les plus agressifs l'affirmation que nous avons peu d'espoir de vivre en hommes libres* sous une monarchie. La royauté est maintenant présentée comme un danger pour la liberté du peuple, et il nous est dit que « pour l'essentiel, il a été fait usage du pouvoir et de la prérogative royaux pour opprimer et appauvrir et asservir le sujet[75] ». L'affirmation positive que la liberté est toujours mieux préservée sous une République* n'est pas moins mise en évidence dans la *Déclaration* officielle de mars 1649, justifiant la décision d'établir le gouvernement « à la manière d'un État libre[76] ». Avec l'établissement de la République*, nous est-il dit, « toute *Opposition* à la *Paix* et à la *Liberté* de la *Nation* » a été retirée. La *Déclaration* invite le peuple à reconnaître combien Venise, la Suisse « et d'autres *États libres* dépassent ceux qui ne le sont pas en termes de *Richesse, Liberté, Paix* et *Bonheur* sous toutes ses formes », et conclut que c'est la raison pour laquelle il sera toujours préférable pour les peuples d'avoir « une *République,* et de ne plus avoir de *Roi* pour les *tyranniser* », car ce type d'organisation politique tendra toujours « à leur *Asservissement* et *Oppression* » en tant que sujets[77].

Il est vrai que, même à ce stade, les déclarations du Parlement croupion ne se départissent jamais d'une certaine prudence. Elles ne clament pas que les rois asservissent toujours et inéluctablement leurs sujets ; elles affirment seulement qu'il y a une tendance naturelle à cette évolution, et donc qu'il sera toujours plus sûr de vivre dans une République* ou un État libre. Je ne veux cependant pas

---

74. Prynne 1643, Partie 1, p. 91.
75. Gardiner 1906, p. 385.
76. *A Declaration*, 1649, page de titre.
77. *Ibid.*, pp. 5, 16, 20, 21.

dire par là que les ennemis de la monarchie anglaise n'auraient pas pu aller jusqu'à le formuler plus radicalement. Comme nous l'avons vu, l'affirmation que la seule présence d'un pouvoir arbitraire avait pour effet de réduire les citoyens à l'état d'esclaves et donc que nous ne pouvons espérer vivre en hommes libres* que dans des États libres, avait été un thème central non seulement des histoires de Tite-Live et de Tacite, mais également de traités majeurs de la Renaissance sur le *vivere libero* comme ceux de Contarini et de Machiavel. Le corollaire de cette affirmation, à savoir que plus l'on se lie étroitement aux rois, plus l'on pâtira d'un esclavage ignominieux, avait même une longue histoire dans la conscience populaire. André Alciat avait représenté l'idée sans la moindre ambiguïté dans ses *Emblemata* de 1550 *(figure 14)*[78], image fréquemment reprise ensuite[79]. La glose versifiée d'Alciat met en garde explicitement: «on dit de la cour orgueilleuse que, tout en entretenant les clients du palais, elle les maintient dans des chaînes d'or[80]». Une des ironies de la vie sous la monarchie, nous est-il montré, est que la condition de servitude est la plus dangereuse et la plus ingrate non pas pour les humbles serviteurs, mais pour ceux qui vivent au plus près des trônes.

Si nous nous tournons vers les écrits des propagandistes à la solde de la République* anglaise, nous découvrons qu'ils s'expriment dans des termes encore moins retenus. Le plus important de ces auteurs était sans conteste John Milton, qui publia son *Tenure of Kings and Magistrates (La Charge des rois et des magistrats)*, une défense et une justification du droit du peuple anglais à mettre à mort leur roi à moins de deux semaines de l'exécution de Charles Ier. Son plaidoyer en faveur du régicide l'aida à obtenir le poste de Secrétaire d'État aux langues étrangères, auquel il fut nommé en mars 1649 par le Conseil d'État. Parmi les tâches que le Conseil exigea de lui, il y avait une réfutation de l'*Eikon Basilike*, l'évocation de Charles Ier comme martyr de sa cause, qui avait été publiée un peu plus d'une semaine après la mort du roi et dont la popularité inquiétait le pouvoir. Milton répondit avec son *Eikonoklastes*, dont la première version parut en

---

78. Alciat 1550, p. 94.
79. Par exemple, Whitney 1586, p. 202; Boissard 1593, p. 89; Peacham 1612, p. 206; La Perrière 1614, sig. E, 3[r].
80. Alciat 1550, p. 94.

In aulicos.
Vana Palatinos quos ducat aula clientes,
Dicitur auratis nectere compedibus.

Figure 14

octobre de la même année. Il s'agit avant tout, pour l'auteur, de fournir un récit de la conduite tyrannique et asservissante du roi avant et pendant la guerre civile. Mais quand la chronologie des événements le conduit, au chapitre 11, à considérer la *Réponse* du roi à la Dix-Neuvième Proposition que le Parlement lui présenta en 1642, Milton suspend provisoirement son récit pour examiner les principaux concepts de la doctrine de la monarchie constitutionnelle. C'est dans ce passage qu'il souligne l'impossibilité de vivre en homme libre* sous une monarchie quelle qu'elle soit. Si, déclare-t-il, nous sommes obligés de vivre sous un roi dont les prérogatives sont si étendues que les biens indispensables, nous ne pouvons les avoir « sans le don et la faveur d'un seul », alors nous ne sommes « pas un État », nous ne sommes « pas libres » ; nous ne sommes rien de plus qu'« une multitude de vassaux que possède, sur son domaine, un seigneur au pouvoir absolu »[81]. Il est impossible, en d'autres termes, de vivre en homme libre* sinon dans un État libre.

Nous rencontrons un rejet tout aussi implacable de la monarchie chez un autre apologiste officiel du nouveau régime, le poète John Hall, à qui le Conseil d'État assigna en mai 1649 la tâche de « répondre aux pamphlets écrits contre la République[82] ». Il leur rendit ce service consciencieusement en écrivant les *Grounds & Reasons of Monarchy Considered (Considérations sur les causes et raisons de la monarchie)*, qu'il publia à la fin de 1650. Vivre sous un roi, déclare-t-il sur un ton presque miltonien, c'est « être compté comme le troupeau et l'héritage de l'Un » dont nous sommes « absolument les sujets »[83]. Même si nous parvenons à promouvoir nos intérêts sous un tel régime, le résultat ne pourra jamais être « rien d'autre qu'un esclavage plus splendide et plus dangereux[84] ». Se tournant vers ses adversaires intellectuels, Hall distingue en particulier le *De cive* de Hobbes dans lequel il voit un ouvrage « érigé avant tout pour asseoir la Monarchie[85] », mais il refuse de se laisser impression-

---

81. Milton, *Écrits politiques : 1642-1660*, trad., introduction et notes par Renée et André Guillaume, Lausanne-Paris, L'Âge d'homme, 2007, pp. 209-210.

82. Green 1875, p. 139. Sur le rôle de Hall comme propagandiste, voir Smith 1994, pp. 187-190, 213-215.

83. Hall 1650, pp. 1-2 ; cf. Milton 1991, p. 32.

84. Hall 1650, pp. 1-2.

85. *Ibid.*, p. 50.

Figure 15

ner par ce genre d'édifices nébuleux et fantasques construits pour la défense des rois[86]. «La Monarchie», réplique-t-il, est «vraiment une pathologie du pouvoir», et notre seul espoir est de rendre le peuple «à sa liberté originelle, et à sa fille la félicité», par éradication de la maladie[87]. Ici il ne subsiste aucun doute, selon Hall: vivre sous une monarchie, c'est mener une existence d'esclave.

Sur ces entrefaites, le Parlement croupion lui-même afficha explicitement ses allégeances républicaines, puisqu'il commanda un nouveau Grand Sceau dans les premiers mois de son règne *(figure 15)*. Le revers nous montre une carte de l'Angleterre et de l'Irlande, tandis que l'avers proclame les valeurs de la République* dans des termes ampoulés. Disparue la figure du roi, disparue la Chambre des lords; le sceau ne donne à voir que la Chambre des

---

86. *Ibid.*, pp. 52-53.
87. *Ibid.*, pp. 54-55.

communes siégeant avec son président en tant que représentants souverains du peuple. Sur le listel, nous lisons : « 1651 la troisième année de la liberté recouvrée par la bénédiction de Dieu[88] ». En d'autres termes, c'est seulement par et après la suppression de la monarchie que l'on peut jouir de la liberté.

Une tentative a récemment été faite pour soutenir que l'« anti-républicanisme n'est pas un thème majeur » du *Léviathan*[89]. Comme je vais chercher à le montrer dans le paragraphe suivant, ce jugement est infondé. Hobbes connaît on ne peut mieux les penseurs républicains, et peut-être tout particulièrement John Hall, dont l'ami John Davies rapporta que « la grande Intelligence de *Malmesbury* » tenait les talents de Hall en haute estime[90]. Un des principaux objectifs polémiques de Hobbes, dans la deuxième partie du *Léviathan*, est de contester et de discréditer les arguments que Hall et les propagandistes de sa clique ont avancés, en particulier celui qui consiste à dire, selon la formule de Hall : si je suis obligé de vivre sous une monarchie absolue, alors « ma liberté naturelle même m'est enlevée[91] ». Il est nécessaire d'examiner comment Hobbes affronte et s'efforce de répondre à l'affirmation centrale des républicains qu'il ne peut y avoir de liberté sans indépendance, et que donc il n'y a aucune possibilité de vivre en homme libre*, si ce n'est dans un État libre.

V.

Hobbes est tout à fait conscient qu'il lui faut affronter les théoriciens de la liberté républicaine sur leur propre terrain. Comme il le reconnaît dès le début du chapitre 21 du *Léviathan*, la question clef est celle de la signification même de la notion d'homme libre*[92]. Il avait bien sûr déjà posé cette question auparavant : dans les *Éléments*, il s'était demandé ce que peut signifier se qualifier

---

88. Pour une présentation du sceau, voir Kelsey 1997, pp. 93-100. La raison de cette date tardive est qu'une version antérieure, faite par Thomas Simon en février 1649, s'étant révélée insuffisamment résistante dut être remplacée.
89. Collins 2005, p. 184.
90. Davies 1657, sig. A, 1ʳ.
91. Hall 1650, p. 16.
92. Hobbes, *Léviathan, op. cit.*, p. 222.

soi-même «bien qu'en état de sujétion, un HOMME LIBRE*[93]». Dans le *De cive*, il avait tout pareillement considéré ce que peut signifier pour des sujets le fait de revendiquer la condition de *liberi*, après nous avoir déjà informés dans les *Éléments* que le mot *liberi* «signifie hommes libres*[94]». De plus, comme nous l'avons vu, il avait bien fait comprendre dans ces deux textes qu'il n'aimait pas du tout la conception républicaine du *liber homo* ou homme libre*, qu'il dénonçait comme un abus de langage automystificateur. Ceux qui prétendent être des hommes libres* sous un gouvernement, avait-il soutenu, ne parlent pas du tout de liberté, en réalité ; ils expriment seulement une sorte d'espérance de promotion sociale, en rappelant qu'ils ne sont pas des serviteurs attachés à une personne et à une Maison, et en sous-entendant par là que cette qualité d'indépendance les désigne, d'une certaine manière, pour occuper des charges éminentes dans la République*.

En dehors de son hostilité profonde à cette vision des choses, Hobbes n'avait à ce stade rien de positif à offrir en réponse à la théorie républicaine de la liberté. Au moment où il écrivit le *Léviathan*, cependant, il avait largement retravaillé sa propre position et l'avait si bien remaniée qu'il disposait maintenant des instruments pour une riposte puissante[95]. Ses suggestions précédentes sur l'espérance sociale et la soif d'honneurs, mises sous le boisseau, n'apparaissent nullement dans le *Léviathan*. Le concept d'homme libre* est en revanche placé au cœur de sa nouvelle analyse de la liberté humaine, et Hobbes s'emploie à établir une définition du terme dans son meilleur style scientifique.

Comme il nous en a déjà informés, ce que signifie, pour n'importe quelle sorte de corps, humain ou naturel, d'être en possession de la liberté, c'est simplement n'avoir aucune entrave extérieure qui s'oppose à l'exercice de ses pouvoirs naturels. Une fois cela admis, déclare-t-il, la définition de l'homme libre* peut être immédiatement inférée :

---

93. Hobbes, *Éléments de la loi naturelle et politique, op. cit.*, II, 4, 9, p. 261.
94. *Ibid.*
95. Terrel 1997 voit davantage de continuité, mais cela s'explique largement par le fait qu'il envisage exclusivement la valeur républicaine de la participation, sans du tout aborder la définition hobbesienne d'un *free-man*.

Un HOMME LIBRE est celui qui, s'agissant des choses que sa force et son intelligence lui permettent d'accomplir, n'est pas empêché de faire celles qu'il a la volonté de faire[96].

Hobbes nous rappelle pourquoi la liberté de ce type d'agents ne renvoie à rien d'autre qu'à l'absence de ce type d'entraves physiques à leur pouvoir de mouvement :

Quand au contraire les mots de *libre* et de *liberté* sont appliqués à autre chose que des *corps*, c'est un abus de langage. En effet, ce qui n'est pas susceptible de mouvement n'est pas susceptible de se heurter à un obstacle. Donc, quand on dit, par exemple : la route est libre, on n'évoque pas par là une liberté qui appartiendrait à la route, mais celle des gens qui passent sans se trouver arrêtés[97].

En d'autres termes, être privé de sa liberté et donc de la condition d'être un homme libre*, cela veut dire être « arrêté » par quelque obstacle extérieur d'exercer ses pouvoirs – « sa force et son intelligence » – selon sa volonté.

Hobbes nous assure d'un ton bonhomme qu'en formulant cette définition, il ne fait que nous rappeler « le sens propre (et généralement reçu) du mot, un HOMME LIBRE[98] ». C'est peut-être le moment d'effronterie le plus sidérant de tout le *Léviathan*. L'affirmation qu'un homme libre* est simplement quelqu'un qui ne rencontre aucune opposition physique à l'exercice de ses pouvoirs selon sa volonté était en fait extraordinairement polémique. Comme nous l'avons vu, s'il y avait une signification généralement reçue du terme, c'était bien celle selon laquelle est libre l'homme qui vit indépendamment de la volonté d'autrui et qui, par conséquent, est libre de la possibilité de se heurter à une opposition arbitraire dans la poursuite des objectifs qu'il a lui-même choisis. Selon la conception reçue, c'est la seule existence d'un pouvoir arbitraire, et non pas son exercice en tant qu'il pourrait, dans tel ou tel cas d'espèce, nous arrêter d'agir, qui nous enlève notre liberté et fait de nous des esclaves.

---

96. Hobbes, *Léviathan, op. cit.*, p. 222.
97. *Ibid.*
98. *Ibid.*

Ce contraste entre la liberté et la servitude avait été puissamment réaffirmé au cours des années 1640 par les deux principaux courants de l'opposition à la monarchie des Stuarts. Nous le trouvons au cœur de la cause parlementaire au début de la guerre civile, notamment sous la plume de John Goodwin qui en fournit le plus clair résumé dans son *Anti-Cavalierisme* d'octobre 1642. Être « hommes et femmes libres* », soutient Goodwin, c'est avoir « disposition de soi-même et de tous ses mouvements » selon sa volonté. Avec des princes en possession de pouvoirs discrétionnaires, on est obligé de vivre « selon les lois de leurs désirs et de leurs plaisirs » et « d'être livré à l'arbitraire de leurs caprices et faire leurs volontés en toutes choses ». Mais dire qu'ils sont « pour vous des seigneurs » de cette manière, c'est dire que vous dépendez de leur volonté et que vous avez par conséquent perdu votre statut d'hommes libres* et que vous êtes tombés dans « un misérable esclavage et asservissement »[99].

La même conviction était exprimée avec plus de force encore par un grand nombre d'auteurs niveleurs *(Levellers)* qui en vinrent à occuper le devant de la scène au milieu des années 1640[100]. Loin de moi l'idée qu'ils eussent été, dans leurs dénonciations du pouvoir arbitraire, d'accord avec les partisans du Parlement. Au contraire, ce fut bien contre les deux Chambres que les principaux pamphlétaires du mouvement niveleur, John Lilburne et Richard Overton, adressèrent certaines de leurs diatribes les plus virulentes. Une des raisons de leur amertume cependant était qu'ils souscrivaient pleinement à l'analyse de la liberté et de l'esclavage que les champions du Parlement faisaient circuler au début de la guerre civile. Ils jugèrent donc la conduite que les deux Chambres adoptèrent par la suite comme une trahison de leurs principes les plus fondamentaux. De nombreux pamphlétaires niveleurs du milieu des années 1640 s'évertuèrent à rappeler à son bon sens et à ses obligations un corps représentatif dégénéré, pour reprendre les termes d'Overton, car sa raison d'être était de libérer le peuple,

---

99. Goodwin 1642, pp. 38-39. Pour une analyse complète de la position de Goodwin, voir Coffey 2006, pp. 85-96.
100. Pour une analyse plus approfondie des théories de la liberté selon les Niveleurs, voir Skinner 2006b.

et il trahissait sa mission en agissant comme un pouvoir arbitraire et perpétuait sa servitude[101].

Il en résulte que les Niveleurs ne manquent pas une fois de présenter la figure de l'homme libre* comme le héros de leurs ouvrages, en soulignant que sa liberté se change en esclavage dès qu'il est mis sous la dépendance d'un pouvoir discrétionnaire quelle qu'en soit la forme. Quand John Lilburne fut emprisonné sur mandat exprès de la Chambre des Lords en 1646, sa requête contre son arrestation illégale prit la forme d'un pamphlet intitulé *The Free-mans Freedome Vindicated (Défense et justification de la liberté des hommes libres*)[102]. Richard Overton, emprisonné sur un mandat de même teneur, répliqua dans son pamphlet *The Commoners Complaint (Complainte des hommes du commun)* avec une puissante réaffirmation de la proposition que « Servage et Liberté sont deux contraires[103] ». Une des charges de son accusation est que, à cause de l'exercice, par les lords, de leurs pouvoirs arbitraires d'arrestation, il avait été tyranniquement opprimé et soumis à des « cruautés turques[104] ». Mais la plainte fondamentale et sous-jacente est que la seule existence de tels pouvoirs a l'effet de réduire les hommes libres* à une condition de vasselage et de servitude[105]. Si, prévient-il, nous nous autorisons à devenir dépendants de la volonté de ces lords non élus, l'effet sera de réduire « tout homme libre* d'*Angleterre* » à un « insupportable servage et esclavage »[106]. Il termine en faisant entendre une note délibérément déclamatoire : « S'il leur est loisible de régner par prérogative, alors adieu à la liberté[107]. »

Hobbes était parfaitement au courant de la façon dont ces penseurs de la démocratie avaient exploité au cours des années 1640

---

101. [Overton] 1647, pp. 1-3, 12-13. La page de titre de la copie de Thomason (British Library) porte la mention « July 17th ».

102. [Lilburne] 1646a. La page de titre de la copie de Thomason (British Library) porte la mention « June 23 » [23 juin].

103. [Overton] 1646, p. 1 [Bondage and Liberty are two contraries]. La page de titre de la copie de Thomason (British Library) porte la mention « feb : 10th ».

104. *Ibid.*, p. 2.

105. *Ibid.*, p. 7.

106. *Ibid.*, page de titre.

107. *Ibid.*, p. 22.

le concept juridique de *liber homo*. Il se moque dans le chapitre 21 du *Léviathan* de ceux qui réclament la liberté à cor et à cri, et en font un droit que chacun acquiert de naissance ; puis, dans le *Léviathan* latin, il ajoute que ce sont les réclamations « de nos rebelles d'aujourd'hui[108] ». C'est donc en parfaite connaissance de cause qu'il insiste, contre l'ensemble de la tradition de la pensée romaine et républicaine, qu'être homme libre* cela signife en tout et pour tout être libre par rapport à ce qui ferait opposition en réalité. Par là il fait plus que prendre ses distances par rapport aux théoriciens de la liberté républicaine pour qui le fait d'être libre de la possibilité d'une ingérence arbitraire est une condition nécessaire pour être un homme libre* ; c'est en effet un fossé qu'il creuse entre eux et lui, dès lors qu'il juge que le fait d'être libre de toute ingérence est concrètement une condition suffisante. Pour le dire autrement, l'absence qui caractérise la présence de la liberté est, chez Hobbes, l'absence de toute opposition qui « enlève » dans les faits et très concrètement le « pouvoir qu'il a de faire ce qu'il voudrait »[109]. Pour l'exprimer autrement, Hobbes réfute l'idée que le simple fait de vivre dans la dépendance de la volonté d'autrui jouerait quelque rôle que ce soit pour ce qui est de limiter la liberté de l'homme libre*.

Hobbes n'était pas le premier à contester l'affirmation clef que la condition de sujet, impliquant domination et dépendance, serait à elle seule attentatoire à la liberté. Charles Ier, dans son *Answer to the XIX Propositions (Réponse aux dix-neuf propositions)* de juin 1642 s'était déjà dressé contre ceux qui, abusivement, « donnent à la Parité et l'Indépendance le nom de Liberté[110] », et il devait répéter l'objection plus tard dans son discours sur l'échafaud. La liberté du peuple, proclamait-il, « consiste dans le fait d'avoir un Gouvernement, dont les lois font que leur vie et leurs dieux peuvent être davantage les leurs », et non pas le moins du monde dans « le fait de participer au Gouvernement »[111]. Il est

---

108. Hobbes, *Léviathan, op. cit.*, p. 224, 227 ; cf. Hobbes, *Léviathan,* traduit du latin et annoté par François Tricaud et Martine Pécharman, Paris, Vrin, Dalloz, 2004, p. 171.
109. Hobbes, *Léviathan, op. cit.*, p. 128.
110. [Charles Ier] 1642, p. 22.
111. [Charles Ier] 1649, p. 6.

possible, en d'autres termes, de vivre en liberté sans vivre dans un État libre.

Nombre de porte-parole du royalisme refusaient pareillement toute pertinence à la définition de la liberté comme le fait de vivre hors de la dépendance de la volonté ou de la faveur d'autrui. Ces penseurs adorent se référer au *De Consulatu Stilichonis* de Claudien dans lequel il est remarqué, selon la traduction de sir Robert Filmer, que «croire que c'est de la servitude que de vivre sous un prince c'est faire une grave erreur : c'est sous un roi pieux que la liberté paraît avec tous ses charmes[112]». Sir John Hayward, dans son *Answer (Réponse)* de 1603, un ouvrage résolument absolutiste que Hobbes avait à sa disposition dans la bibliothèque de Hardwick[113] – avait dénoncé ceux qui prétendent que c'est «un servage que d'être obéissant sous des rois» et affirmé à l'inverse que c'est «le plus grand des moyens pour continuer à être à la fois libre et en sécurité»[114]. L'omniprésent Bramhall cite de la même façon la remarque de Claudien dans son *Serpent Salve (Baume du serpent)* de 1643, déclarant que «le Sujet ne trouve nulle part plus de sécurité ou plus de Liberté que sous un gracieux roi[115]». Quelques années plus tard, Filmer devait utiliser le même passage comme épigraphe à sa *Free-Holders Grand Inquest (Grande enquête des francs-tenanciers[116]*)*, dans laquelle il présente sa défense, par l'histoire, des pouvoirs absolus de la Couronne anglaise[117].

Si, comme ces penseurs l'affirment, les monarques absolus ne sont pas coupables d'imposer la servitude à leurs sujets, alors il semblerait que vivre en liberté devait signifier autre chose que vivre hors la dépendance de la volonté d'autrui. Bramhall tire explicitement et à plusieurs reprises cette conclusion décisive dans son *Serpent Salve*. «Si la liberté du sujet provient de faveurs et non de traités ou d'accords, cela implique-t-il de dire qu'elle doive être considérée comme moin-

---

112. Filmer 1991, p. 69.

113. Hobbes MS E. 1. A, p. 21.

114. Hayward 1603, sig. H, 1ᵛ.

115. [Bramhall] 1643, p. 45. Sur le monarchisme «constitutionnel» de Bramhall, voir Smith 1994, pp. 220-223.

116. Les *free-holders* sont ceux qui possèdent complètement la terre et peuvent élire des représentants *(NdT)*.

117. Filmer 1991, p. 69 ; cf. la citation moins précise p. 131.

dre[118] ?» Plus loin dans son analyse, et dans la même veine, il affirme sans ambages qu'il est simplement faux de soutenir que c'est être «un esclave que de se rendre sujet de la domination d'autrui[119]».

Ce que ces auteurs ne parviennent toujours pas à mettre sur pied cependant, c'est une explication claire et nette des raisons pour lesquelles l'affirmation républicaine que le simple fait de la dépendance enlève la liberté de l'homme libre* n'est pas défendable. C'est Hobbes qui, le premier, fournira cette démonstration dans le *Léviathan*; et, naturellement, c'est cette antériorité qui fait de l'intervention de Hobbes un jalon si important dans l'évolution des théories modernes de la liberté. Nul n'avait avant lui fourni de définition explicite de la notion d'homme libre* qui pût entrer en concurrence directe avec la définition avancée par les penseurs de la liberté républicaine et leurs références classiques, faisant autorité. Mais Hobbes établit aussi clairement que possible qu'être un homme libre* n'a rien à voir avec le fait d'être *sui juris* ou de vivre indépendamment de la volonté d'autrui; cela signifie simplement ne pas être empêché par des obstacles extérieurs d'agir selon sa volonté et son pouvoir. Il est donc le premier à répondre aux théoriciens républicains en présentant une définition alternative dans laquelle la présence de la liberté est entièrement conçue comme absence d'opposition plutôt que comme absence de dépendance.

VI.

Fort de cette nouvelle définition de ce que cela signifie que d'être un *liber homo*, Hobbes se propose ensuite de traiter l'affirmation expressément républicaine qu'il n'est possible de vivre en homme libre* que dans un État libre. Maintenant que nous avons pénétré les raisons pour lesquelles notre liberté consiste simplement en l'absence d'obstacles extérieurs, réplique-t-il, nous devrions être en mesure de comprendre que même les formes les plus absolues de gouvernement monarchique sont pleinement compatibles avec un exercice sans restriction de la liberté naturelle.

---

118. [Bramhall] 1643, p. 12.
119. *Ibid.*, p. 39.

Hobbes avait déjà posé, dans le *De cive*, que nous conservons une part importante de notre liberté naturelle, même sous des systèmes juridiques de la sévérité la plus extrême. Quand la préservation de notre vie ou de notre santé est en jeu, l'opposition arbitraire constituée par notre peur des conséquences de notre acte de désobéissance à la loi sera insuffisante pour déterminer notre volonté ; par conséquent, notre liberté naturelle restera intacte. Si nous nous tournons vers le *Léviathan* cependant, nous trouvons que cette exception à la règle générale est si largement répandue qu'elle finit par devenir la règle générale. Il nous est maintenant assuré que nous restons, en tout temps et sous toutes les formes de gouvernement, entièrement libres de désobéir à la loi chaque fois que nous le voulons, et donc que « d'une façon générale, *toutes* les actions que les hommes accomplissent dans les Républiques* par *crainte de la loi* sont des actions dont ils avaient la *liberté* de s'abstenir[120] ». Quand un homme consent au pouvoir souverain, annonce dorénavant Hobbes, « *aucune espèce de restriction* [n'est] apportée à la liberté naturelle[121] ».

Pour voir comment Hobbes défend ce paradoxe, il nous faut commencer par expliciter la manière dont il rend compte des raisons que nous avons d'obéir à la loi, quelle que soit la forme de l'État où elle est en vigueur. Comme nous l'avons vu, il avait établi dans les *Éléments* et le *De cive* que le seul mécanisme éprouvé pour induire l'obéissance est la peur. Les lois de la nature ont beau être des lois de la raison en même temps que des maximes dictées par l'instinct de conservation, il ne peut être attendu de nous que nous suivions leurs injonctions au nom de la raison, plutôt que par passion. C'est seulement quand nous délibérons sur les conséquences de la désobéissance que nous éprouvons la sorte de terreur qui a pour effet assuré et garanti de nous retenir de désobéir. Comme Hobbes l'avait résumé au début de sa discussion de la domination dans le *De cive*, on ne peut jamais attendre des hommes qu'ils « se portent mutuellement assistance ni désirent garder entre eux la paix, à moins d'y être forcés par quelque crainte commune[122] ».

---

120. Hobbes, *Léviathan, op. cit.*, p. 222. Les italiques de *toutes* sont de moi.

121. *Ibid.*, p. 230. C'est moi qui souligne.

122. Hobbes 1983, 5, p. 132 : « *ut neque mutuam opem conferre, neque pacem inter se habere velint, nisi communi aliquot metu coerceantur* ».

À l'époque où il écrivit le *Léviathan*, Hobbes en était venu à considérer comme dangereusement insuffisant de ne voir l'État que comme un moyen de façonner par la coercition notre vie collective. Il exprime ses doutes au début du chapitre 30, dans un passage dont la densité émotionnelle, inhabituelle sous sa plume, étonne, développant un raisonnement qui, non seulement n'a pas son parallèle dans les *Éléments* ou dans le *De cive*, mais qui contredit même totalement sa ligne de pensée précédente. Aucun souverain, affirme-t-il maintenant, ne pourra jamais espérer faire que le peuple sanctionne sa légitimité et donc obéisse à ses lois simplement par « la frayeur d'un châtiment légal[123] ». Si l'État doit survivre, les gens doivent lui obéir non pas parce qu'ils ont peur des conséquences de leur désobéissance, mais plutôt parce qu'ils reconnaissent qu'il y a de bonnes raisons d'adhérer à son autorité[124].

On pourra rétorquer, anticipe Hobbes, que les gens du commun n'ont pas les capacités nécessaires pour qu'on leur fasse comprendre les raisons de leur adhésion[125]. À cette objection, il répond avec les accents indignés auxquels il a si souvent recours quand il s'en prend à ceux qui parlent avec mépris des citoyens ordinaires. « Je serais heureux », explose-t-il soudain, « que les riches et puissants sujets d'un royaume, ou ceux qui passent pour les plus doctes, n'en fussent pas moins incapables »[126]. La vérité, rétorque-t-il, c'est que ce n'est pas la difficulté des gens à comprendre pourquoi il est rationnel d'obéir qui fait problème, mais les intérêts de ceux qui ne veulent pas voir diminuer leurs pouvoirs. « Pour les puissants, tout ce qui tend à l'instauration d'un pouvoir capable de réfréner leurs passions est dur à digérer : il en va de même, pour les doctes, de tout ce qui tend à faire voir leurs erreurs[127]. » Il y a donc ici largement plus de chance de trouver la rationalité requise dans les gens du commun que chez ceux qui se considèrent comme supérieurs à eux, aux plans social et intellectuel.

---

123. Hobbes, *Léviathan, op. cit.*, p. 358.
124. Sur l'importance de ce raisonnement de l'individu, voir Waldron 2001.
125. Hobbes, *Léviathan, op. cit.*, p. 360.
126. *Ibid.*
127. *Ibid.*

Pour autant, Hobbes ne nie pas en dernier ressort que la plupart des gens ont tendance à obéir par passion plutôt que par raison. Il est vrai que cet argument est, à l'endroit du *Léviathan* où il se situe, un peu plus complexe qu'il ne l'était auparavant, dans la mesure où Hobbes soutient maintenant que l'on peut attendre de certains esprits généreux qu'ils respectent leurs conventions par orgueil plus que par crainte[128]. Mais il ajoute avec quelque lassitude que l'efficacité de ce mécanisme présuppose « un trait de noblesse d'âme qui se rencontre trop rarement pour qu'on puisse présumer de son existence, spécialement chez ceux qui poursuivent la richesse, l'autorité ou le plaisir sensuel ; or ils composent la plus grande partie du genre humain[129] ». Puisqu'il en est ainsi, il accepte que « la passion sur laquelle il convient de compter, c'est la crainte », ce à quoi il ajoute, qu'« exception faite pour quelques natures généreuses », la passion de la crainte « est la seule chose qui pousse les hommes (quand il y a quelque apparence de profit ou de plaisir à enfreindre les lois) à les observer »[130].

Cette affirmation sur le rôle déterminant de la peur conduit précisément Hobbes à sa conclusion spectaculaire que nous demeurons entièrement libres de désobéir aux lois à tout moment. Dans sa nouvelle définition de la liberté, l'idée qu'il existerait quelque chose comme une opposition arbitraire au fait que nous agissions librement tombe ; la liberté au sens propre du terme est enlevée seulement par des obstacles extérieurs qui nous arrêtent alors que nous sommes sur le point d'accomplir des actions en notre pouvoir. Comme nous l'avons vu, la peur n'entre pas dans cette catégorie d'obstacles. Telle est la raison pour laquelle il est possible de vivre en homme libre*, tout en étant sujet d'une souveraineté absolue ; c'est simplement que, comme Hobbes le proclame maintenant, « la crainte et la liberté sont compatibles[131] ». Nous ne sommes jamais physiquement retenus d'agir en désobéissance aux ordres de la loi,

---

128. *Ibid.*, p. 140. Oakeshott 1975, pp. 120-125 examine la place des *generous natures* (« natures généreuses ») dans le raisonnement de Hobbes.
129. Hobbes, *Léviathan, op. cit.*, p. 140.
130. *Ibid.*, p. 140 et 320.
131. *Ibid.*, p. 222.

et donc nous sommes toujours entièrement libres d'obéir ou de désobéir en vertu du choix que nous faisons[132].

Hobbes clôt son raisonnement en rappelant une autre affirmation qu'il avait déjà présentée dans le *De cive* : notre liberté ne sera pas nécessairement moindre sous une monarchie absolue que sous une forme de pouvoir populaire ou démocratique. «Le mot de *liberté*», écrivait-il alors, «peut être inscrit sur les portes et les tours de n'importe quelle cité, avec des caractères aussi gros que l'on veut»[133]. Il reformule maintenant sa proposition de manière à froisser le plus possible les théoriciens de la liberté républicaine. Ils s'étaient toujours plu à imaginer un spectre politique partant des profondeurs de la servitude subie par les sujets du sultan de Constantinople pour se hisser jusqu'aux plus hauts sommets de la liberté dont jouissaient les citoyens des grandes communes autonomes de la Renaissance italienne – Florence, Lucques, Sienne, Venise. Comme Henry Parker l'avait écrit dans ses *Observations* de 1642, à la différence des cités-Républiques qui avaient su endiguer le risque de la monarchie, les Turcs étaient condamnés à vivre comme les esclaves de leur Grand Seigneur[134]. Hobbes refuse catégoriquement d'admettre qu'il y ait sur ce point la moindre distinction :

> De nos jours, le mot *LIBERTAS* est inscrit en grandes lettres sur les tourelles de la cité de *Lucques* : personne néanmoins ne saurait en inférer qu'un particulier y possède une plus grande liberté ou immunité, à l'égard de l'obligation de servir la République* que ce n'est le cas à *Constantinople*[135].

---

132. Hobbes dans le *De cive* examine deux situations dans lesquelles c'est la terreur qui joue le rôle d'obstacle arbitraire : nous nous sentons normalement empêchés de vouloir désobéir à la loi, et nous nous sentons invariablement empêchés de vouloir désobéir à Dieu. Au contraire, le *Léviathan* soutient que, puisqu'il n'existe pas d'obstacle arbitraire, nous devons être tout le temps également libres d'obéir ou de désobéir à la loi. Mais la déduction suivante n'est-elle pas que nous devons être également libres d'obéir ou de désobéir à Dieu ? Sur ce point Hobbes garde le silence.
133. Hobbes 1983, 10. 8, p. 176 : «*Et si enim portis turribusque civitatis cuiuscunque, characteribus quantumvis amplis* libertas *inscribatur.*»
134. [Parker] 1642, pp. 17, 26, 40. «Grand Seigneur» est en français dans le texte *(NdT)*.
135. Hobbes, *Léviathan*, *op. cit.*, p. 227.

Hobbes tourne en ridicule un des credo les plus invétérés des penseurs de la liberté républicaine. Il n'y a aucune espèce de différence, insiste-t-il, entre la liberté sous le *popolo* à Lucques et la liberté sous le sultan à Constantinople : « Qu'une République* soit monarchique ou populaire, la liberté y reste la même[136]. »

VII.

J'ai jusqu'à maintenant concentré mon analyse sur la description que Hobbes propose dans le *Léviathan* de la liberté « selon la signification propre de ce mot[137] ». Par là il entend la liberté dont nous jouissons en tant que corps en mouvement quand nous ne rencontrons aucune opposition extérieure à agir selon notre volonté et notre pouvoir. Comme il le dit dans le chapitre 21, parler de cet état de liberté, c'est parler de « cette *liberté* naturelle qui seule est proprement nommée *liberté*[138] ». Aussitôt que nous laissons le monde de la nature, cependant, et que nous entrons dans le monde artificiel de la République*, nous ne sommes plus de simples corps en mouvement ; nous sommes également les sujets d'un pouvoir souverain. Nous passons convention de renoncer à la plus grande partie de notre liberté naturelle en nous plaçant dans l'obligation d'agir en accord avec la volonté de notre souverain. Par conséquent, *en tant que nous sommes sujets*, nous ne conservons pour ainsi dire rien de notre liberté[139] ; et, dans le chapitre 5 du *Léviathan*, Hobbes va jusqu'à présenter le concept de sujet libre comme un exemple paradigmatique de contradiction dans les termes[140]. Comme il le résume au chapitre 26, « la *loi civile* est une *obligation*, elle nous enlève la liberté que la loi de nature nous avait donnée[141] ». Nous pouvons même dire, ajoute-t-il, que la loi

---

136. *Ibid.*

137. *Ibid.*, p. 128.

138. *Ibid.*, p. 223.

139. Un grand nombre de commentateurs, faute de se rendre compte de ce que Hobbes pose catégoriquement une distinction entre la liberté des sujets et la liberté au sens propre du terme, l'accusent sur ce ponit de confusion. Pour une liste de leurs noms, voir Skinner 2002a, vol. 3, p. 216 n., auxquels il convient d'ajouter Mill 2001.

140. Hobbes, *Léviathan, op. cit.*, p. 40.

141. *Ibid.*, p. 311.

imposée par les souverains « n'a été mise au monde à aucune autre fin que celle de limiter la liberté naturelle des individus[142] ». Qui plus est, notre liberté naturelle est également sujette à cette même forme de limitation sous tous les régimes politiques quelle que soit leur forme particulière. Dire que les sujets, sous tous les genres de gouvernement, « jouissent de la liberté », c'est fondamentalement dire « que sur ce point il n'y a pas eu de loi de faite »[143]. À cela il ajoute plus tard, de son ton le plus moqueur, que, n'en déplaise à ceux qui, mécontents de la monarchie, aiment à transmettre l'impression que les citoyens des États libres sont libres des lois, aucune personne vivant effectivement dans un tel État ne pourrait entretenir une telle illusion, car « ils ne découvrent rien de tel[144] ».

Il se pourrait bien que cette analyse fournisse des arguments à la thèse selon laquelle, dans le *Léviathan*, Hobbes met l'accent sur nos obligations de sujets plus lourdement que dans aucun de ses précédents traités de philosophie civile. Dans les *Éléments* et dans le *De cive*, il définit le contrat politique comme un simple abandon des droits. Puisque cet acte d'abandon est, comme il le dit, rationnel, il en résulte nécessairement que toute désobéissance aux lois doit être le produit d'un raisonnement défectueux ou la pure expression du désir instinctif autodestructeur de revenir à l'état de nature. Dans le *Léviathan* en revanche, la convention politique est décrite comme une convention d'autorisation, en vertu de laquelle tous les sujets sont auteurs de toutes les actions que le souverain vient à accomplir en leur nom[145]. Par conséquent, hormis les cas de conservation de soi, il sera non seulement irrationnel, mais même contradictoire de désobéir ou de résister à notre souverain de quelque manière que ce soit.

Hobbes met en valeur cette implication avec une force particulière au moment où il présente ses objections contre l'idée que, chaque fois qu'un souverain manque à respecter les conditions de son pouvoir, ses sujets peuvent lui résister et, si nécessaire, le desti-

---

142. *Ibid.*, pp. 285-286.
143. *Ibid.*, p. 311 ; cf. chap. 26, p. 285.
144. *Ibid.*, p. 349.
145. Sur la théorie hobbesienne de l'autorisation, voir Baumgold 1988, pp. 36-55 et Skinner 2005b.

tuer. Hobbes distingue les deux angles sous lesquels cet argument se présente et les traite successivement. Se tournant vers la première possibilité, à savoir qu'il serait légitime de « déposer » un monarque en exercice, il souligne qu'il est absurde de la part des membres d'une multitude de supposer qu'ils peuvent « transférer leur personnalité de celui qui en est le dépositaire à un autre homme ou une autre assemblée d'hommes[146] ». Ils sont déjà obligés, « chacun à l'égard de chacun, de reconnaître pour leur tout ce que fera ou jugera devoir être fait celui qui est déjà leur souverain, et d'en être réputés les auteurs[147] ». S'ils le déposent, ils tomberont simplement dans la contradiction, puisqu'ils se retrouveront dans un seul et même temps en train d'autoriser et de répudier ses actions. Quant à la seconde possibilité, qu'il serait légitime de punir un monarque en exercice ou de le mettre à mort, elle n'est pas moins absurde. Étant donné que « chaque sujet est auteur des actions de son souverain », cela débouchera seulement sur la même contradiction que précédemment. Tout sujet qui cherche à punir son souverain le condamnera pour « des actions qu'il a lui-même commises[148] ».

Hobbes n'en reste pas moins soucieux, arrivé à ce point de son argumentation, de rassurer ses lecteurs en leur précisant que la perte de liberté qu'il a décrite est elle-même solidement circonscrite. Il me semble que c'est méjuger l'orientation de sa pensée que suggérer, comme certains commentateurs l'ont fait, que Hobbes manifesterait une « incroyable hostilité » envers les revendications de liberté et que cette hostilité culminerait dans le *Léviathan*[149]. Je tâcherai de montrer dans ce qui suit que, s'il y a bien une stratégie qui fonde son entreprise de discréditation de la théorie républicaine de la liberté, elle consiste à revenir encore et toujours sur la démonstration que notre liberté persiste même sous un gouvernement. Et il relève le défi de deux manières différentes.

D'abord il soutient que c'est justement en vertu du caractère propre de la convention politique que nous continuons, jusque dans notre état de sujétion civile, à jouir de ce qu'il appelle main-

---

146. Hobbes, *Léviathan, op. cit.*, p. 180.
147. *Ibid.*
148. *Ibid.*, p. 184.
149. Pour cette interprétation, voir, par exemple, Goldsmith 1989, p. 37.

tenant la «vraie liberté des sujets[150]». Nous retrouvons ici son affirmation fondamentale et familière depuis les *Éléments* et le *De cive*: il existe certains droits de nature qui ne peuvent être cédés. Quand il reprend cet acquis dans le *Léviathan*, cependant, il ne se borne pas à employer une formulation élégante pour résumer son argument: il reconsidère aussi l'argument lui-même, qu'il formule à présent dans un style quelque peu différent.

La nature de la différence apparaît clairement quand Hobbes entreprend d'exposer les raisons pour lesquelles ces libertés peuvent et doivent être conservées. Dans les *Éléments* et le *De cive*, il avait surtout mis l'accent sur le fait que leur abandon relevait de l'impossibilité psychologique. On lit dans le *De cive* que «chacun se porte par une nécessité naturelle vers la recherche de ce qui lui semble Bon, et vers la Fuite de ce qui lui semble mauvais», si bien que, dans ces circonstances, il est difficile d'envisager d'agir autrement[151]. Dans le *Léviathan*, il donne une explication différente, qui a le mérite de fonder plus solidement les libertés en question, puisqu'il les assied comme des droits naturels. Il ne prétend plus qu'il ne peut être attendu de nous que nous y renoncions; il défend en des termes purement juridiques qu'aucune obligation ne peut nous contraindre à y renoncer. Il existe certains droits, en d'autres termes, «qu'on ne peut abandonner par aucune convention[152]». Avec cette affirmation, Hobbes arrive au concept presque oxymorique d'un droit naturel inaliénable – le concept d'un droit qui, comme il devait le formuler plus tard dans le *Léviathan* latin, ne peut être «aboli par aucun pacte[153]».

Pour apprécier l'ampleur de ces droits, il nous faut seulement rappeler les raisons pour lesquelles nous consentons à nous assujettir à la loi et au gouvernement. Nous avons tous besoin de nous protéger les uns contre les autres, en conséquence de quoi nous avons tous besoin d'abandonner autant de nos droits à agir qu'il

---

150. Voir Hobbes, *Léviathan, op. cit.*, p. 229. Pour une lecture approfondie de ce passage, voir Martinich 2004, pp. 234-237.
151. Hobbes 1983, 1. 7, p. 94: «*Fertur enim unusquisque ad appetitionem eius quod sibi Bonum, & ad Fugam eius quod sibi malum est […] idque necessitate quadam naturæ.*»
152. Hobbes, *Léviathan, op. cit.*, pp. 233-234.
153. Hobbes, *Léviathan*, traduit du latin et annoté par Fr. Tricaud et M. Pécharman, *op. cit.*, p. 176.

sera nécessaire pour assurer cette protection. Si cependant nous avons d'autres droits que ceux auxquels nous renonçons pour notre salut, il est impossible que nous en soyons destitués, et ils constituent notre véritable liberté de sujet. Nous devons conserver, pour le dire avec les mots mêmes de Hobbes, «la liberté à l'égard de toutes les choses telles que le droit qu'on a sur elles ne peut être transféré par une convention[154]».

Mais ces droits inaliénables existent-ils? Autrement dit, existe-t-il des libertés qui échapperaient aux termes de la convention? Aussitôt que Hobbes y réfléchit, il reconnaît que la liste en est remarquablement longue. Nul ne peut être sollicité d'aliéner son droit de «résister à ceux qui l'attaquent» ou encore le droit de refuser de s'accuser soi-même. Tout le monde doit, de la même façon, conserver la liberté (à moins que la vie de la République* ne soit en jeu) de refuser le service militaire. La liste des droits inaliénables doit même être étendue à la préservation de sa bonne réputation, car Hobbes a la conviction que tout le monde a le droit de refuser un service public qui soit ou bien déshonorant ou bien dangereux[155].

L'autre argument que Hobbes invoque en faveur de la thèse que la liberté persiste sous un gouvernement consiste à dire que, en plus de nos droits inaliénables, nous conservons une gamme supplémentaire de libertés qui sont la conséquence de ce qu'il appelle maintenant «le silence de la loi[156]». Ici, comme auparavant, il donne à sa pensée un tour original et plus élégant; mais, sous cet habillage, sa pensée même n'aura pas manqué d'être familière à tout lecteur des *Éléments* ou du *De cive*: là où les lois ne font pas mine de réguler nos actions, nous gardons la liberté d'agir comme nous le choisissons[157]. Le seul trait nouveau de son analyse est qu'il nous donne à présent quelques exemples de ce qu'il a à l'esprit. Il veut en effet parler, dit-il, de droits comme «la liberté d'acheter, de vendre et de conclure d'autres contrats les uns avec les autres; de choisir leur

---

154. Hobbes, *Léviathan, op. cit.*, p. 230.
155. Pour cette liste, voir *ibid.*, pp. 230-232.
156. *Ibid.*, p. 232.
157. *Ibid.*, pp. 224, 232.

résidence, leur genre de nourriture, leur métier, d'éduquer leurs enfants comme ils le jugent convenable et ainsi de suite[158] ».

À cette liste, Hobbes fait un ajout surprenant : il déclare, dans le chapitre 47 du *Léviathan*, que ces libertés incluent la liberté de culte. Ici le contraste avec les *Éléments* et le *De cive* pourrait difficilement être plus complet. Quand Hobbes aborde la question de la liberté religieuse dans ces traités antérieurs, il refuse énergiquement que des sujets aient quelque droit que ce soit à déterminer par eux-mêmes le sens des Écritures ou les prescriptions qui en découlent au niveau du culte. C'est un des devoirs des souverains, affirme-t-il, que de soutenir une Église apostolique et d'imposer à tous leurs sujets les jugements d'un clergé dûment établi, et cela dans toutes les matières susceptibles de controverse doctrinale. Comme il l'écrit dans le *De cive* : « Celui qui a la souveraineté de la République* est donc obligé en tant que chrétien, à chaque fois qu'une question se pose relevant des *mystères de la foi*, de faire interpréter les Écritures saintes par des *ecclésiastiques* ordonnés selon les rites[159]. »

Hobbes reconnaît dans le *Léviathan* que cette obligation a toujours eu pour effet d'imposer des limites strictes à la liberté des sujets chrétiens[160]. Mais il dit maintenant sa satisfaction de pouvoir constater qu'en Angleterre ce « nœud qui enserra leur liberté » a finalement été défait[161]. Avec le transfert de pouvoir des presbytériens aux indépendants à la fin de 1648, ses compatriotes ont été « ramenés à l'indépendance des premiers chrétiens, qui permet de suivre Paul, Céphas ou Apollos, selon la préférence de chacun[162] ». Ils se trouvent ainsi dans la situation des premières assemblées, dont les consciences étaient libres et qui conservaient leur pleine liberté de paroles et d'actions « assujetties à personne d'autre qu'au pouvoir

---

158. *Ibid.*, p. 224. Mais dans Hobbes 1841a, chap. 21, p. 161 les exemples sont supprimés.

159. Hobbes 1983, 17. 28, p. 279 : « *Obligatur ergo quatenus Christianus, is qui habet civitatis imperium, scripturas sacras, ubi quæstio est de* mysteriis fidei, *per* Ecclesiasticos *rite ordinatos interpretari.* » Pour des annonces du même raisonnement dans les *Éléments*, voir Hobbes, *Éléments de la loi naturelle et politique, op. cit.*, I, 11, 9-10, pp. 161-62 ; II, 6, 13, p. 296.

160. Hobbes, *Léviathan, op. cit.*, p. 705.

161. *Ibid.*, p. 706.

162. *Ibid.* Comme Martinich 1999, p. 173 le remarque, l'allusion de Hobbes est quelque peu ironique, vu que saint Paul se plaignait de la disposition des différentes factions à suivre leurs propres chefs.

civil[163] ». À cela Hobbes ajoute dans un passage discret, mais extra-ordinaire que cette politique « est peut-être la meilleure[164] ». Non content d'applaudir à l'augmentation de liberté consécutive à la défaite de l'épiscopat ainsi que du presbytérianisme, il se prononce explicitement en faveur de l'organisation politique qui n'assujettit les gens qu'au pouvoir civil et laisse donc tout un chacun libre de formuler ses croyances religieuses en fonction des impératifs de sa conscience[165].

La première réponse de Hobbes aux théoriciens républicains est donc que, même sous un gouvernement absolu, nous conservons une large gamme de libertés civiles ainsi que de droits naturels. La démonstration est d'importance, mais bien plus encore l'est son affirmation fondamentale que nous gardons en toutes circonstances notre liberté naturelle d'obéir ou de désobéir aux lois, selon notre propre choix. Tel est le point crucial auquel il revient, et il le résume finalement dans les termes de sa distinction fondamentale entre nature et artifice. Les liens de la loi qui nous obligent à l'obéissance civile ne sont rien de plus que des « chaînes artificielles » qui, « par leur propre nature », n'ont aucune force, mais qui nous retiennent d'agir entièrement comme nous le dési-rons[166]. Parlant de ces chaînes, Hobbes observe que les membres de la multitude les attachent « d'un bout aux lèvres de l'homme ou de l'assemblée à qui ils ont donné le pouvoir souverain, et de l'autre à leurs propres oreilles[167] ». Ici il fait allusion à Lucien et

---

163. Hobbes, *Léviathan, op. cit.*, p. 705.

164. *Ibid.*, p. 706.

165. Richard Tuck a tout fait pour donner à cet aspect l'importance qu'il mérite, et mon analyse doit beaucoup à Tuck 1989, pp 28-31, et Tuck 1996, pp. xxxviii-xli, ainsi qu'à Martinich 1992, pp. 329-31. Les points de contact entre Hobbes et les Indépendants ont été examinés de la façon la plus exhaustive in Collins 2005, pp. 123-30, 143-146. Mais l'argument n'a pas manqué d'être contesté. Nauta 2002 réfute l'idée qu'il y aurait un chan-gement spectaculaire dans la conception de Hobbes des relations entre l'Église et l'État entre les *Éléments* et le *Léviathan* (mais il ne conteste pas la transformation dans la pensée de Hobbes sur laquelle je me suis penché). Sommerville 2004 montre que le poids de la défense, par Hobbes, des Indépendants, a été ces derniers temps largement surévalué (mais il ne remet pas en doute non plus qu'en matière de pouvoir clérical, le *Léviathan* semble souscrire au point de vue des Indépendants).

166. Hobbes, *Léviathan, op. cit.*, p. 131, et pp. 223, 224.

167. *Ibid.*

Eloquentia Fortitudine præ-
stantior.
Arcum læua tenet.rigidam fert dextera clauam,
Contegit & Nemees corpora nuda leo.
Herculis hæc igitur facies.non conuenit illud
Quòd uetus & senio tempora cana gerit.
Quid quòd lingua illi leuibus traiecta cathenis,
Queîs fissa facileis allicit aure uiros?
An'ne quòd Alciden lingua non robore Galli
Præstantem,populis iura dedisse ferunt?
Cedunt arma togæ, & quamuis durissima corda
Eloquio pollens ad sua uota trahit.

Figure 16

à sa fable d'Hercule, un *topos* favori des auteurs de livres d'emblèmes, qui représentent fréquemment le dieu – comme le distique qui accompagne l'image d'Alciat l'explique – avec de petites chaînes attachées à sa langue et perçant ses oreilles, dont il peut se servir facilement pour attirer les hommes à lui *(figure 16)*[168]. Il en va de même aussi, selon Hobbes, pour les liens ou les chaînes de la loi civile, qui pareillement opèrent par persuasion plus que par la force physique. De ces liens, on peut « faire » qu'ils limitent notre liberté, mais seulement à condition de fixer des amendes d'une sévérité suffisante pour brider nos passions et nous obliger artificiellement à l'accomplissement de nos conventions[169].

Autrement dit, c'est seulement dans le monde de l'artifice que nous sommes liés par les lois de façon à être empêchés d'exercer notre liberté. Si nous revenons au monde réel, le monde de la nature, nous trouvons que ces chaînes « sont sans pouvoir pour [nous] protéger[170] ». Comme Hobbes l'écrit dans le chapitre 21, « ces liens, qui par leur propre nature n'ont aucune force, on peut néanmoins, par l'effet du danger (mais nullement de la difficulté) qu'il y aurait à les rompre, faire qu'ils résistent[171] ». Dans le manuscrit du *Léviathan*, il s'était exprimé d'une façon encore plutôt hésitante :

> Ces liens qu'on appelle communément devoirs, et obligations, sont par eux-mêmes fragiles ; néanmoins, ils sont tels qu'on peut les rendre résistants par le danger, et non par la difficulté, qu'il y a à les briser[172].

Le point clé dans les deux passages est que les liens de la loi n'ont pas le pouvoir de nous empêcher dans le sens où nous serions

---

168. Lucien 1913, vol. 1, p. 65. Cf. Alciat 1550, p. 194 : « *lingua illi levibus traiecta cathenis, / Quemvis fissa facileis allicit aure viros* ». Pour des images comparables, voir Bocchi 1574, p. 92 ; Haecht Goidtsenhoven 1610, p. 43 ; Baudoin 1638, p. 533. Pour une analyse du *topos*, voir Bredekamp 1999, pp. 126-131 ; *Stratégies visuelles du* Léviathan, *op. cit.*, pp. 126-127.

169. Hobbes, *Léviathan, op. cit.*, pp. 136, 147, 177, 223.

170. *Ibid.*, pp. 177, 224.

171. *Ibid.*, p. 224.

172. B. L. Egerton MS 1910, f° 70ʳ. Clarendon 1676, p. 8 décrit à juste titre cette version (le seul manuscrit du *Léviathan* qui nous soit parvenu) comme « écrite en grosses lettres, sur parchemin, d'une main merveilleusement sûre », ajoutant que Hobbes la présenta au futur roi Charles II.

authentiquement (par opposition à métaphoriquement) ligotés ou enchaînés, et de là authentiquement privés de notre liberté dans l'acception littérale du terme. Nous conservons notre liberté de violer les lois et de manquer à nos conventions en toutes circonstances. En effet, comme Hobbes le conclut mélancoliquement, « rien ne vole en éclats plus facilement que la parole d'un homme[173] ».

VIII.

Le résultat de l'attaque de Hobbes contre les théoriciens de la liberté républicaine est donc de nous révéler qu'ils se sont complètement trompés en supposant qu'il n'est possible de vivre en homme libre* que dans un État libre. Au contraire, nous conservons l'entièreté de notre liberté naturelle même sous les formes de souveraineté monarchique les plus absolues que l'on puisse imaginer. Qu'advient-il alors de leur idéal sous-jacent d'« État libre » ? C'est à cette question, et à la destruction de cet autre mot d'ordre, que Hobbes s'attelle pour finir.

Là encore, il a quelque chose de nouveau à dire sur le concept de liberté. Les *Éléments* ne font pas référence aux États libres, et le *De cive* ne mentionne qu'une seule fois la *libertas civitatis*[174], sans faire aucun effort pour expliquer ce que cela peut signifier de dire d'un État, par opposition à ses citoyens, qu'il est libre. Dans le *Léviathan*, à l'inverse, Hobbes met beaucoup plus l'accent sur le fait que la théorie républicaine de la liberté concerne moins la liberté des individus que celle des communautés :

> La liberté qui est si souvent mentionnée et exaltée dans les ouvrages d'histoire et de philosophie des anciens Grecs et Romains, de même que dans les écrits et les propos de ceux qui tiennent toute leur culture des auteurs politiques, ce n'est pas la liberté des particuliers, mais celle de la République*[175].

---

173. Hobbes, *Léviathan*, *op. cit.*, p. 131.
174. Hobbes 1983, 10. 8, p. 176.
175. Hobbes, *Léviathan*, *op. cit.*, p. 227.

Pour avoir étudié Thucydide, Hobbes savait parfaitement que cela était une exagération : il est pour le moins hardi de prétendre que les auteurs grecs et romains se seraient moins préoccupés de savoir quelles formes de gouvernement soutiennent mieux la liberté des particuliers. Cependant, cette hyperbole a incontestablement l'effet de fixer l'attention du lecteur sur une nouvelle question qu'il a envie de poser : quel sens faut-il donner aux affirmations des théoriciens républicains sur la liberté des États libres?

Hobbes aborde cette question pour la première fois dans le chapitre 13 du *Léviathan* où il analyse la condition naturelle de l'humanité. Il répète que l'état de nature est une condition de liberté ; et il se demande, comme il l'a déjà fait dans ses précédents traités, si des groupes ou des nations ont jamais vécu dans un tel état. Sa réponse dans les *Éléments* et dans le *De cive* était que nos ancêtres avaient indubitablement connu ce mode de vie et que tel était encore le destin de différentes « nations sauvages qui vivent à ce jour[176] ». La discussion dans le chapitre 13 du *Léviathan* est conduite de façon fort différente. Hobbes se concentre maintenant exclusivement sur la question de savoir s'il existe encore, dans le monde moderne, des peuples qui présentent la liberté caractéristique de notre condition naturelle. Il se réfère une fois de plus aux « sauvages en maint endroit de l'*Amérique*[177] », mais il ajoute maintenant deux nouveaux exemples troublants. D'une part, explique-t-il, on est fondé à dire que l'état de nature réapparaît chaque fois qu'une communauté s'enfonce dans une guerre civile[178]. D'autre part, il est également vrai que toute République* indépendante connaît un tel état de liberté absolue par rapport à tout autre État souverain[179]. Parce que ces communautés n'ont pas d'obligations les unes envers les autres, et par conséquent conservent la liberté naturelle d'exercer leurs pouvoirs selon leur volonté, elles s'affrontent les unes les

---

176. Hobbes, *Éléments de la loi naturelle et politique, op. cit.*, I, 14, 12, p. 181.

177. Hobbes, *Léviathan, op. cit.*, p. 125 ; cf. Hobbes 1983, 1. 13, p. 96.

178. *Ibid.*, p. 126.

179. *Ibid.* Hobbes 1994, vol. 1, p. 424 ajoute deux autres exemples (correspondance avec François Peleau, 1657). Mais il est difficile de leur trouver une place dans la ligne d'argumentation de ses ouvrages publiés. Le premier concerne des « soldats qui servent dans différentes places » ; l'autre des « maçons qui travaillent sous l'autorité de différents architectes ».

autres « dans la situation et la posture des gladiateurs, leurs armes pointées, les yeux de chacun fixés sur l'autre », ce qui revient à « une attitude de guerre »[180].

Quand Hobbes demande explicitement au chapitre 21 ce que cela peut signifier de parler d'États libres, il nous renvoie immédiatement à son précédent exposé. Nous pouvons dire de toutes les Républiques*, répète-t-il, qu'elles vivent « dans un état de guerre perpétuelle, dans une continuelle veillée d'armes, leurs frontières fortifiées, leurs canons braqués sur tous les pays qui les entourent[181] ». Son objectif immédiat est de nous rappeler que toutes les Républiques* connaissent un état de liberté naturelle les unes par rapport aux autres. Mais son propos sous-jacent est finalement de bien faire comprendre ce que veulent dire les théoriciens républicains quand ils se réfèrent à la prétendue liberté des États libres. Selon Hobbes, ils font simplement référence au fait évident que tous les États indépendants sont libres d'agir comme ils le choisissent, puisqu'ils n'ont pas d'obligation à agir autrement. Exactement comme il y a « une liberté pleine et absolue de chaque particulier » dans l'état de nature, de même « parmi des États ou Républiques* indépendants l'un de l'autre, chaque République* » possède « la liberté absolue de faire ce qu'elle juge » être « le plus favorable à son intérêt »[182]. La réponse cinglante de Hobbes est que, quand les théoriciens républicains décrivent telle ou telle République* comme un État libre, cela revient très exactement à observer qu'elle est libre d'agir selon sa volonté, et cela parce qu'elle est libre de toute obligation envers les autres États ; or cela vaut tout aussi bien pour n'importe quelle République* souveraine dans le monde.

Nous nous découvrons enfin, comme Hobbes l'ajoute sur le même ton sarcastique et mordant, au moins en mesure de donner un sens aux grandes déclarations que les théoriciens républicains adorent faire sur les peuples prétendument libres de l'Athènes

---

180. Hobbes, *Léviathan, op. cit.*, p. 126. Malcolm 2002, pp. 432-456 se penche sur les conséquences de cette affirmation, quoique son intérêt premier concerne le fait que, pour Hobbes, les relations entre les États restent gouvernées par les lois de nature. Pour une analyse supplémentaire, voir Armitage 2006.

181. Hobbes, *Léviathan, op. cit.*, p. 227.

182. *Ibid.*

ou de la Rome antique. Nous pouvons très certainement dire, concède-t-il, que « les *Athéniens* et les *Romains* étaient libres[183] ». Mais cela ne revient nullement à dire que « les particuliers, quels qu'ils fussent, y possédassent la liberté de résister à leur propre représentant[184] ». Tout au plus suggère-t-on par là que leurs représentants, en vertu du fait qu'ils n'ont pas d'obligations envers les autres États, ont la liberté d'exercer leurs pouvoirs dans tous les domaines qu'ils auront choisis, y compris la « liberté de résister aux étrangers, ou de les attaquer »[185]. Mais à cet égard, toutes les Républiques* souveraines sont logées à la même enseigne. La suggestion qu'il pourrait y avoir quelque chose de caractéristique dans la liberté des États libres se volatilise.

---

183. *Ibid.*, p. 227.
184. *Ibid.*
185. *Ibid.*

6.

Liberté et obligation politique

I.

Dans le passage du *Béhémoth* où il passe en revue les ennemis de la monarchie Stuart, Hobbes réserve son mépris le plus dur aux « beaux messieurs démocrates » et à leur « dessein de changer le gouvernement de monarchique en populaire, ce qu'ils appelaient *Liberté* »[1]. Pourtant, au moment de la publication du *Léviathan* au printemps 1651, ces mêmes beaux messieurs s'étaient solidement installés dans les fauteuils du pouvoir souverain, après avoir proclamé en mai 1649 que l'Angleterre était maintenant « une République* et un État libre »[2]. Quelle attitude convenait-il d'adopter selon Hobbes à l'endroit de ces événements sans précédents, qu'il décrit dans le *Béhémoth* comme une révolution[3] ? L'autorité du Parlement croupion devait-elle être acceptée bon gré mal gré ? Fallait-il lui réserver un accueil franchement positif, ou bien lui résister à tout prix comme de nombreux royalistes continuaient à y pousser ?

Hobbes exprime très clairement, dans de nombreux passages du *Léviathan*, la répugnance extrême qu'il éprouve pour le nouveau régime et ses partisans. Quand il parle au chapitre 18 de ceux qui déposent la monarchie et mettent à mort leur souverain, il dit tout

---

1. Hobbes, *Béhémoth ou le Long Parlement, op. cit.*, p. 65 ; cf. Hobbes 1969b, p. 26.
2. Gardiner 1906, p. 388.
3. Hobbes, *Béhémoth ou le Long Parlement, op. cit.*, p. 248 ; cf. Hobbes 1969b, p. 204.

net que de tels actes ne sauraient en aucun cas se réclamer de la justice[4]. Quand il revient au chapitre 29 à ceux qui justifient l'acte de régicide, il n'hésite pas à ajouter que de tels ennemis de la monarchie sont des fous, tout juste bons à être comparés à des chiens enragés[5]. Une fois encore, dans la Révision et Conclusion, il condamne de la même façon ceux qui ont combattu Charles Ier, avec cette remarque qu'il aurait dû ajouter à sa liste des lois de nature une loi supplémentaire spécialement dédiée à ceux qu'il vient de citer dans les pages précédentes de son livre, dont le texte serait *« que chacun est tenu par nature, autant qu'il est en lui, de protéger dans la guerre l'autorité par laquelle il est lui-même protégé en temps de paix[6] »*.

Hobbes reprend l'attaque dans le *Béhémoth* avec un franc-parler d'autant plus grand que le monde de la restauration le met à l'abri du danger. Il assure lord Arlington dans son Épître dédicatoire que « rien ne peut être plus instructif en faveur de la loyauté et de la justice que le souvenir, tant qu'il durera », des dernières guerres civiles[7]. Et il ajoute dans le corps du texte, avec une férocité intacte, que l'on ne pourrait imaginer un catalogue plus long que celui des « vices, des crimes ou des folies de la majeure partie de ceux qui composaient le Long Parlement[8] ».

En dépit de la violence des polémiques qu'il engage, Hobbes conçut cependant le *Léviathan* comme un ouvrage irénique. Il reconnaît volontiers, en particulier dans la Révision et Conclusion, que la monarchie Stuart a perdu la bataille et que le Parlement croupion remplit maintenant le devoir le plus fondamental d'un gouvernement, à savoir procurer la sécurité et la paix. Puisqu'il en est ainsi, Hobbes montre clairement qu'il est tout disposé non seulement à faire lui-même la paix avec la République* anglaise, mais aussi à inciter les autres à lui emboîter le pas. Il plaide en faveur de ceux qui se sont soumis, et il se lance dans la tâche bien plus ambitieuse de prouver que tout le monde a, en conscience, une

---

4. Hobbes, *Léviathan*, *op. cit.*, pp. 180, 183-184. Voir Hoekstra 2001 pour la conception hobbesienne de la distinction entre monarchie absolue et tyrannie.

5. *Ibid.*, p. 349.

6. *Ibid.*, p. 714.

7. Hobbes, *Béhémoth ou le Long Parlement*, *op. cit.*, p. 37 ; cf. Hobbes 1969b.

8. Hobbes, *Béhémoth ou le Long Parlement*, *op. cit.*, p. 155.

obligation positive d'obéir au nouveau régime. Quand il publie, en 1656, les *Six Lessons* en réponse à ses détracteurs, il présente comme un de ses plus grands motifs de fierté le fait que le *Léviathan* a « disposé les esprits d'un millier de gentilshommes à une obéissance consciente au présent gouvernement, qui autrement aurait vacillé à ce moment-là[9] ».

Un grand nombre de commentateurs ont récemment soutenu que ces déclarations sont une pure trahison de certains des principes les plus chers à Hobbes[10]. Ils soutiennent que, avant le passage de la Révision et Conclusion du *Léviathan* où il introduit le thème de la relation mutuelle entre protection et obéissance, il s'était toujours montré prêt à défendre l'idéal du droit héréditaire inaliénable[11]. Toutefois, comme nous l'avons vu, Hobbes soutient invariablement que la raison fondamentale qui justifie que nous nous soumettions au gouvernement est l'espoir que nous concevons d'en recevoir sécurité et défense. Il nous avait déjà dit dans les *Éléments* que « la fin pour laquelle un homme abandonne le droit de se protéger et de se défendre par sa puissance propre et pour laquelle il s'en dessaisit au profit d'un autre ou des autres est la sécurité qu'il attend par ce moyen[12] ». Il s'ensuit, comme le *De cive* l'ajoute, que « si la République* tombait au pouvoir de ses ennemis, tous les citoyens en même temps abandonneraient leur condition de sujétion civile et reviendraient à leur liberté naturelle[13] ».

La même doctrine est répétée certes dans la Révision et Conclusion du *Léviathan*, mais aussi dans plusieurs passages antérieurs du texte. Sa formulation la plus complète se trouve dans le chapitre 21, à la fin de l'analyse de la liberté des sujets.

---

9. Hobbes 1845b, p. 336.

10. Cette affirmation a déjà été critiquée in Hoekstra 2004, et je dois beaucoup à son analyse. Pour d'autres analyses de la position de Hobbes en 1649, voir Metzger 1991, pp. 131-157 et Fukuda 1997, pp. 61-68.

11. Par exemple, Tuck 1996 pp. ix, xliv affirme que Hobbes n'abandonna le monarchisme qu'à la fin du *Léviathan*, et cet argument se retrouve développé in Baumgold 2000, qui soutient (p. 36) que la « volte-face » de Hobbes dans la Révision et Conclusion marque son premier « rejet du principe du droit héréditaire inaliénable ».

12. Hobbes, *Éléments de la loi naturelle et politique, op. cit.*, II, 1, 5, p. 229.

13. Hobbes 1983, 7. 18, p. 159 : « *si civitas venerit in potestatem hostium […] a subiectione civili, in libertatem […] naturalem […] simul se recipiunt cuncti cives* ».

« L'obligation qu'ont les sujets envers le souverain », nous est-il affirmé, « est réputée durer aussi longtemps, et pas plus, que le pouvoir par lequel celui-ci est apte à les protéger »[14]. Hobbes concède qu'il est éventuellement possible de dire, pour des souverains, qu'ils conservent leurs droits même après avoir été subjugués, mais il répète que cela est exclu pour les membres du corps politique dont l'obligation s'éteint dans de telles circonstances[15]. La raison en est, insiste-t-il, que « celui qui est sans protection peut la rechercher n'importe où » ; s'il la perd, il n'est plus obligé ; s'il la trouve ailleurs, non seulement il contracte une nouvelle obligation, mais il est même requis « de protéger ce qui le protège aussi longtemps qu'il le peut »[16]. Quand Hobbes nous informe à la fin de sa Révision et Conclusion qu'il composa le *Léviathan* « sans autre dessein que de placer devant les yeux des hommes la relation mutuelle qui existe entre protection et obéissance », il ne fait que souligner un principe qui avait de tout temps été au fondement même de sa théorie de l'obligation politique[17].

Hobbes approfondit sa remise en cause de l'idée d'un droit héréditaire dans le célèbre frontispice emblématique du *Léviathan*. L'image de la République* qu'il véhicule, à savoir essentiellement une force protectrice, inflige un démenti puissant aux principes légitimistes et en défie peut-être tout particulièrement la représentation la plus extraordinairement influente, incarnée par le non moins célèbre frontispice de l'*Eikon Basilike*, la plus populaire des nombreuses célébrations monarchistes de Charles Ier comme martyr de sa cause[18] *(figure 17)*[19]. Dans sa première édition, qui date

---

14. Hobbes, *Léviathan*, *op. cit.*, p. 233.

15. *Ibid.*, p. 355.

16. *Ibid.*, pp. 355-356.

17. *Ibid.*, p. 721. Mon insistance sur ce point doit beaucoup à Hoekstra 2004.

18. Bredekamp 1999, pp. 95-97 a déjà fait cette comparaison et nous offre une présentation générale de l'iconographie de Hobbes à laquelle je dois beaucoup : *Stratégies visuelles du* Léviathan, *op. cit.*, p. 91-93.

19. [Gauden] 1649, frontispice *dépl.* suivant sig. A, 4[v], gravure signée de William Marshall. Sur les différents états du projet de Marshall, voir Madan 1950, Appendice 6, pp. 177-178. La version ici reproduite (British Library) est listée in Madan 1950, sous le numéro 26, parmi les tirages de 1649. Cette version est rare : l'habitude voulait plutôt que l'on imprimât « L'explication de l'emblème » *(The Explanation of the Embleme)* sur une feuille séparée.

The Explanation of the EMBLEME.

Ponderibus genus omne mali, febrisq; gravatur,   Though clogg'd with weights of misèries
Palma ut Depressa, resurgo: Palm-like Depress'd, I higher rise.

Ac, velut undarum Fluctûs Ventiq; furorem   And as th'unmoved Rock out-brave's
Irati Populi Rupes immota repello.   The boistrous Windes and raging waves:
Clarior ò tenebris, cœlestis stella, corusco,   So triumph I. And shine more bright
Victor et æternùm-felici pace triumpho.   In sad Affliction's Darksom night.

Auro fulgentem rutilo gemmisq; micantem,   That Splendid, but yet toilsom Crown
At curis Gravidam spernendo calco Coronam.   Regardlessly I trample down.

Spinosam, at ferri facilem, quo Spes mea Christi   With joie I take this Crown of thorn.
Auxilio. Nobis non est tractare molestum.   Though sharp, yet easie to be born.

Æternam, fixis fidei, semperq;-beatam   That heav'nlie Crown, already mine,
In Cœlos oculis Specto, Nobisq; paratam.   I View with eies of Faith divine.

Quod Vanum est, sperno; quod Christi Gratia præbet   I slight vain things; and do embrace
Amplecti studium est: Virtutis Gloria merces   Glorie the just reward of Grace.
                                                                                                G.D.

Τὸ Χ̄ί ἀδὲν ἀδικεῖ τὸν πολὺν, ἀλλ̕ ὁ Κόσμος.

Figure 17

du début de 1649, l'*Eikon* est présenté comme un ouvrage du roi en personne, quoiqu'il soit en réalité principalement de la main de John Gauden, le futur chapelain de Charles II[20]. Le frontispice montre le roi Charles «dans ses solitudes et ses souffrances», nous dit le texte de la page de titre, agenouillé devant un livre ouvert dans lequel on peut lire: «en ta parole je mets mon espoir[21]». Malgré la perte de son État, sous le joug de ses ennemis, le roi apparaît ici comme le titulaire indiscuté de la souveraineté. S'il écarte d'un geste la couronne royale (il est écrit «vanité» sur le cercle) pour la couronne d'épines qu'il tient dans sa main et pour la couronne de la gloire céleste sur laquelle ses yeux sont fixés, il n'en porte pas moins tous les insignes de sa royauté[22]. Sa souveraineté est peinte dans des termes extrêmement personnels, l'accent étant mis sur la grandeur de ses qualités morales. Il est un rocher qui, battu par les tempêtes et les vagues de la haute mer, «triomphe, inébranlable[23]», et nous sommes assurés que, à l'instar du palmier, plus lourds sont les fardeaux dont il est chargé, plus sa vertu grandit et résiste[24].

Ce qui nous est montré ici plus clairement encore, c'est que le roi a un lien direct avec Dieu, et donc que son pouvoir est de nature divine et inaliénable. Rien ne suggère que le peuple pourrait avoir joué le moindre rôle dans l'institution de son autorité. Ses sujets ne sont mentionnés que dans la glose latine versifiée, qui donne «L'explication de l'emblème» et qui précise que le vent et les vagues signifient leur rage, face à laquelle le roi demeure impassible[25]. La page de titre parle de «sa Majesté sacrée», tandis que l'emblème

---

20. Sur Gauden et son rôle dans la production du «livre du roi», voir Wilcher 2001, pp. 277-286.

21. [Gauden] 1649, Frontispice: *« in verbo tuo spes mea »*.

22. Covarrubias 1610, f° 207 montre d'une façon semblable une figure royale repoussant la couronne, le globe et le sceptre, mais tendant la main vers une couronne céleste.

23. [Gauden] 1649, Frontispice: *« immota triumphans »*. L'image d'un rocher qui ne se laisse pas ébranler par la tempête était courante dans la littérature emblématique. Voir, par exemple, Montenay 1571, p. 13; Whitney 1586, p. 96; Covarrubias 1610, f° 287; Peacham 1612, p. 158; Wither 1635, pp. 97, 218; Baudoin 1638, page de titre.

24. [Gauden] 1649, Frontispice: *« crescit sub pondere virtus »*. Pour cette interprétation du symbolisme du palmier, courante chez les auteurs d'emblèmes, voir Alciat 1550, p. 43; Boissard 1593, p. 37; Baudoin 1638, p. 511.

25. [Gauden] 1649, Frontispice, «Explication», version latine, lignes 3-4: *« furorem Irati Populi Rupes immota repello »*.

proclame qu'il «brille avec d'autant plus d'éclat dans l'ombre» où il a été rejeté[26]. La raison de cette confiance naît clairement du fait que la lumière qui continue indéfectiblement à l'illuminer vient tout droit du ciel.

Si nous observons le frontispice du *Léviathan (figure 18)*[27], nous nous trouvons devant une représentation du pouvoir souverain qui non seulement s'oppose en tout à la précédente, mais qui, de surcroît, absorbe visiblement plus qu'elle ne les défie les changements révolutionnaires qui viennent de se produire[28]. Il est très possible que Hobbes ait personnellement contribué à la conception de l'image, et il est hors de doute qu'il lui donna son approbation, car une version à peine différente sert de frontispice à la copie manuscrite du *Léviathan* qu'il présenta au futur roi Charles II à la fin 1651[29]. Il est certain que cette iconographie reflète une connaissance fine de la philosophie civile de Hobbes, notamment de son analyse complexe et caractéristique des relations entre la multitude, le souverain et la République* ou l'État[30].

---

26. [Gauden] 1649, Frontispice, répété dans l'«Explication», version latine, ligne 5 : «*clarior e tenebris… corusco*». Voir l'emblème «*Tanto clarior*», in Peacham 1612, p. 42.

27. Hobbes 1651, Frontispice.

28. Pour la tentative la plus approfondie d'expliquer l'iconographie de Hobbes, voir Corbett et Lightbown 1979, pp. 219-230. Ils en font une description extrêmement fidèle, mais je suis moins convaincu par leur interprétation globale, pour les raisons que je donne ci-dessous. Pour une analyse avec laquelle je suis d'accord sur l'essentiel, voir Bredekamp 1999, pp. 6-12 ; *Stratégies visuelles du* Léviathan, *op. cit.*, pp. 6-12.

29. Pour des arguments en faveur de cette datation, voir Tuck 1996, p. liii. L'édition de Tuck contient aussi (p. 2) une reproduction de la version manuscrite du frontispice. Pour d'autres reproductions, voir Bredekamp 1999, p. 3 ; *Stratégies visuelles du* Léviathan, *op. cit.*, p. 13 ; Malcolm 2002, p. 231. La principale différence entre cette image et celle qui figure dans le texte publié est que, dans cette dernière, les individus qui composent le corps du peuple sont montrés en pied, les yeux tournés vers leur souverain, alors que sur la première, ils sont montrés comme des visages dont la plupart regardent vers nous (même si l'un regarde le souverain les yeux manifestement élargis par la peur). Malcolm 2002, pp. 200-229, montre que les particularités de la version manuscrite peuvent s'expliquer par l'intérêt de Hobbes pour les perspectives «curieuses» (c'est-à-dire anamorphiques). Sur l'intérêt de Hobbes pour l'anamorphose, voir aussi Bredekamp 1999, pp. 83-97 ; *Stratégies visuelles du* Léviathan, *op. cit.*, pp. 78-94 ; Clark 2007, pp. 104-106.

30. Comme cela est mis en évidence in Malcolm 2002, pp. 200-201. Sur la question de savoir quel artiste a conçu le frontispice, voir Bredekamp 1999, pp. 31-50 ; *Stratégies visuelles du* Léviathan, *op. cit.*, pp. 25-50.

Non est potestas Super Terram quæ Comparetur ei Iob. 41. 24.
LEVIATHAN
Or
THE MATTER, FORME,
and POWER of A COMMON-
WEALTH ECCLESIASTICALL
and CIVIL.
By THOMAS HOBBES
of MALMESBVRY.
London
Printed for Andrew Crooke
1651

Figure 18

Hobbes soutient dans les chapitres 16 et 17 du *Léviathan* qu'une République* est instituée dès que les membres individuels d'une multitude passent l'un avec l'autre la convention d'autoriser une personne «artificielle» à exercer la souveraineté sur eux. Par personne «artificielle» Hobbes entend simplement un représentant, une personne qui ait le droit de parler et d'agir au nom des autres. Comme il l'explique au début du chapitre 16, quand les paroles et les actions d'une personne «sont considérées comme représentant les paroles et actions d'autrui, on parle d'une personne *fictive* ou *artificielle*[31]». Autrement dit, la proposition précise de Hobbes sur la nature de la convention qui sert à instituer une République* est donc que les membres d'une multitude autorisent une et une seule personne naturelle (homme ou femme), ou bien un groupe de personnes naturelles (une Assemblée), à endosser la personne artificielle de leur représentant souverain, en conséquence de quoi les membres de la multitude deviennent les Auteurs de toutes les actions qui seront par la suite accomplies en leur nom[32].

Hobbes soutient par suite que l'acte d'autoriser un représentant souverain a pour effet de transformer les membres individuels de la multitude en une unique Personne. Comme il le dit au chapitre 16, «une multitude d'hommes devient *une seule* personne quand ces hommes sont représentés par un seul homme ou une seule personne[33]». La raison de cette transformation est que, aussitôt qu'un individu ou une Assemblée est autorisé à exercer le pouvoir souverain, tout ce qui est par la suite voulu et mis en acte par le souverain compte comme la volonté de tous. Mais c'est une autre façon de dire que les membres de la multitude, par le truchement de leur souverain, sont maintenant capables de vouloir et d'agir d'une seule voix et comme un seul homme. On est donc pleinement fondé à les créditer d'avoir créé «une unité réelle de tous en une seule et même personne, unité réalisée par une convention de chacun avec chacun[34]».

---

31. Hobbes, *Léviathan*, *op. cit.*, p. 161.
32. Sur l'appropriation *(owning)* des actions de leurs représentants par ceux qui les ont désignés, voir Hobbes, *Léviathan*, *op. cit.*, p. 163.
33. *Ibid.*, p. 166.
34. *Ibid.*, p. 177.

Il ne s'agit naturellement pas de dire que la Personne engendrée par l'union de la multitude serait réelle et substantielle, mais bien plutôt de la décrire, selon les mots de Hobbes, une Personne «de manière fictive[35]». Il souligne du reste que «c'est l'*unité* de celui qui représente, non l'unité du représenté, qui rend *une* la personne» et que l'«on ne saurait concevoir l'*unité* dans une multitude sous une autre forme»[36]. Néanmoins, comme il le réaffirme dans le chapitre 17, il n'est pas sans conséquences, pour la multitude, de se mettre d'accord pour instituer un représentant souverain; au contraire, cela a pour effet de «réduire toutes les volontés, par la règle de la majorité, en une seule volonté» ce qui «revient à dire» que les individus «désignent un homme, ou une assemblée, pour assumer leur personnalité»[37]. Nous pouvons maintenant parler de la Personne de la multitude, par opposition au pur agrégat d'individus qui la composent.

Comment, alors, désigner cette Personne[38]? Connaître la réponse permettra d'identifier le véritable titulaire de la souveraineté que nos représentants souverains sont autorisés à exercer, et par là investis du droit de le faire. Hobbes rompt enfin le sceau du secret par une phrase aux sonorités sublimes, dans ce passage clef du chapitre 17 où il décrit le moment qui voit l'avènement de la convention politique. Le nom général de «la multitude unie en une seule personne», déclare-t-il maintenant, «est RÉPUBLIQUE*, en latin CIVITAS»[39]. À quoi il ajoute que, quand nous utilisons le terme de République*, cela revient à parler de l'ÉTAT[40].

Avec ces affirmations, Hobbes est enfin en mesure d'énoncer une définition formelle de la République* ou de l'État. Une République*, définit-il, est «*une personne unique telle qu'une grande multitude d'hommes se sont faits, chacun d'entre eux, par des conventions mutuelles qu'ils ont passées l'un avec l'autre, l'auteur de ses actions, afin qu'elle use de la force et des ressources de tous, comme elle le jugera*

---

35. *Ibid.*, p. 164.
36. *Ibid.*, p. 166.
37. *Ibid.*, p. 177.
38. Ce paragraphe et le suivant se fondent sur Skinner 2007a, pp. 173-175.
39. Hobbes, *Léviathan, op. cit.*, p. 177, traduction modifiée.
40. Voir *ibid.*, p. 5.

expédient, en vue de leur paix et de leur commune défense[41] ». Mais Hobbes croit aussi que la Personne de la République* ou État, tel le rejeton de n'importe quelle union juridique, mérite d'être gratifiée de son propre nom individuel. Filant sa métaphore du mariage et de la procréation, il accomplit donc logiquement l'acte de baptême approprié, annonçant sur son ton le plus grave que « telle est la génération de ce grand LÉVIATHAN, ou plutôt pour en parler avec plus de révérence, de ce *dieu mortel,* auquel nous devons, sous le *Dieu immortel,* notre paix et notre protection[42] ».

Le frontispice du *Léviathan* cherche comme il se doit à illustrer avec exactitude cette théorie sur la relation entre les sujets individuels, la personne artificielle du souverain et la *persona ficta* de la République* ou de l'État[43]. Il faut reconnaître que Hobbes ne parvient pas de façon pleinement satisfaisante à restituer en termes visuels toutes les complexités de sa pensée. Il observe à plusieurs reprises au cours de son texte que le souverain est « l'âme de la République* », l'*anima* qui sert à unifier et donc à animer les membres désunis de la multitude en parlant et en agissant en leur nom[44]. Mais, alors qu'il ne fait aucun doute que le frontispice réussit à communiquer l'impression que la personne artificielle du souverain exerce le pouvoir de la population dans son ensemble, il ne parvient pas à rendre l'idée spécifique d'une force qui l'anime. Hobbes est obligé de se rabattre sur une figuration plus traditionnelle du souverain, à savoir comme tête plutôt que comme âme de la République* ou de l'État.

Il n'en reste pas moins que Hobbes réussit à créer une représentation fascinante (et appelée à exercer une influence immense[45]) de

---

41. *Ibid.*, p. 178.

42. *Ibid.*, pp. 177-178. Malcolm 2007b montre que Hobbes invoque ici une tradition bien identifiée du commentaire biblique, dont Jacques Boulduc fut le principal représentant, dans laquelle la figure de « Léviathan » est utilisée pour désigner le grand nombre fait une personne unique. Les références de Hobbes aux monstres marins ont aussi une signification emblématique, sur laquelle on peut consulter Farneti 2001.

43. Sur la conception de l'État de Hobbes comme une « Personne de manière fictive » *(person by fiction),* voir Jaume 1983, Runciman 2000.

44. Hobbes, *Léviathan, op. cit.*, p. 234. Voir aussi *ibid.*, pp. 351, 355, 598.

45. Sur l'influence de l'image, voir Bredekamp 1999, pp. 131-137 ; *Stratégies visuelles du* Léviathan, *op. cit.*, pp. 131-137.

l'autorité suprême, dans un contraste fascinant avec le frontispice de l'*Eikon Basilike*. Une des différences essentielles entre les deux projets, est que, dans celui de Hobbes, rien ne suggère que le pouvoir de nos princes puisse être divin par son origine ou par son caractère. Au contraire, la tête du souverain, qui ceint la couronne royale, procède du corps du peuple, confirmant explicitement la proposition de Hobbes qui affirme dans son traité que le droit des souverains « procède » d'un pacte fait par leurs sujets[46]. En même temps, les individus qui se sont rassemblés pour se soumettre à son autorité sont dépeints comme constituant les membres et le corps de l'État, composant par leur tribut l'ensemble de sa force civile et militaire. Il apparaît donc que le souverain doit sa position entièrement au concours de ses sujets ; et, si nous regardons de plus près, nous voyons qu'il est soutenu par l'ensemble de la société civile : on y remarque la présence de femmes aussi bien que d'hommes, d'enfants aussi bien que d'adultes, de soldats aussi bien que de civils[47]. Une fois encore, l'image de Hobbes reflète étroitement son texte, dans lequel il avait établi que tous les sujets « soutenaient » le pouvoir du souverain « sous » lequel ils avaient passé convention de vivre[48].

Une autre différence, à peine moins importante, réside dans le fait que Hobbes ne manifeste pas le moindre intérêt pour les vertus ou les droits de la personne du souverain. Un passage de l'Épître dédicatoire du *Léviathan* attire de façon explicite l'attention sur cette restriction qu'opère délibérément sa conception, puisqu'il souligne qu'il « ne parle pas des hommes, mais, dans l'abstrait, du siège du pouvoir[49] ». Fidèle au texte, la représentation emblématique de sa thèse met elle aussi entièrement l'accent sur l'idée de pouvoir effectif, et donc sur la capacité du souverain à être au-des-

---

46. Hobbes, Léviathan, op. cit., p. 381.

47. On distingue des enfants dans le bras droit du Léviathan ; un homme près du cœur du Léviathan porte un casque ; les bonnets (à la place de chapeaux) portés par certains adultes suggèrent qu'il pourrait s'agir de femmes.

48. Hobbes 1996, chap. 18, p. 128 évoque la vie des sujets « sous » (live under) les monarchies et les démocraties ; Hobbes 1996 chap. 26, p. 200 traite du soutien apporté par les sujets au pouvoir souverain.

49. Hobbes, Léviathan, op. cit., Épître dédicatoire, p. 1.

sus, et même à envelopper ses sujets[50]. Alors que le roi, dans le frontispice de l'*Eikon Basilike*, reste indéfectiblement souverain, jusque dans la défaite, la personne artificielle du souverain vers qui, dans le *Léviathan*, tout le monde « dirige ses regards » est d'abord et avant tout représentée comme une force protectrice sans pareil. Seul son pouvoir la met en position, comme Hobbes le souligne dans son texte (citant Bodin), de « les tenir en respect »[51]. Les sujets qui composent le corps de l'État dont certains sont agenouillés[52] s'offrent à la puissance de leur prince avec une révérence appropriée. Mais ce qu'ils révèrent, c'est son pouvoir à leur garantir la sécurité et la paix.

Le frontispice suggère que l'État souverain doit son aptitude à dominer son territoire – aussi bien la ville miniature que la campagne – au fait que le représentant souverain de l'État unit dans sa personne tous les éléments de l'autorité ecclésiastique et de l'autorité civile. Si le second aspect est symbolisé par l'épée qu'il tient dans sa main droite, le premier l'est par la crosse d'évêque qu'il a dans la gauche. Il est juge dans toutes les affaires à trancher dans la sphère spirituelle comme dans la sphère temporelle. La conséquence, comme le verset du livre de Job au-dessus de sa tête le proclame, est qu'« il n'est sur terre aucune puissance qui lui soit comparable[53] ».

La gravure montre ensuite que ce rassemblement de la multitude en une seule Personne sous la volonté d'un souverain unique agit à son tour comme une force unifiante et pacificatrice. Sous la campagne ensoleillée et paisible au-dessus de laquelle se dresse la personne artificielle du souverain, nous voyons un grand nombre

---

50. Pour des images analogues dans lesquelles les sujets sont enveloppés en guise de protection par les manteaux de leurs princes, voir Bredekamp 1999, pp. 82-83 ; *Stratégies visuelles du* Léviathan, *op. cit.*, pp. 78-79.

51. Hobbes, *Léviathan, op. cit.*, p. 173 ; cf. Bodin 1606, 6. 4, p. 706 sur le fait d'être « *kept in awe* ». L'expression française que traduit cette formule doit se trouver dans l'édition de 1576 de la *République* de Bodin, sans être reprise dans les éditions ultérieures. Mais la consultation de cette édition est complexe à la BNF, le microfilm étant perdu, et le livre incommunicable. Voir Jean Bodin, *Les Six livres de la République*, Paris, Fayard, 1986, t. II, chapitre 4, p. 59 *(NdT)*.

52. Au moins deux des figures sur l'avant-bras droit du Léviathan sont à genoux.

53. Hobbes 1996, Frontispice : « *Non est potestas Super Terram quæ Comparetur ei. Job.41.24* », traduction de H. Bredekamp, *Stratégies visuelles du* Léviathan, *op. cit.*, p. 7.

de tendances potentiellement perturbatrices, représentées ici par les différentes forces qui revendiquent pour elles l'autorité civile et ecclésiastique ; il ressort clairement du calembour visuel appuyé de Hobbes que si la protection et la sécurité des sujets exigent impérativement, pour être assurées de façon adéquate, que ces prétentions soient, toutes autant qu'elles sont, « maintenues sous » le pouvoir de l'État Léviathan. Ces tendances corrosives sont illustrées dans les deux ensembles de cinq vignettes, que nous sommes invités à lire à la fois horizontalement pour les comparer par paires de manière à dégager leurs points communs et verticalement pour méditer sur l'accumulation de leurs potentialités destructrices respectives.

Commençant par le haut, nous voyons sur la droite une église, et sur la gauche une forteresse avec un canon qui tire depuis ses remparts. Sous la forteresse, il y a un diadème, et sous l'église une mitre, symbole de ceux qui tiennent un rang ecclésiastique équivalent. Sous le diadème, nous voyons un canon directement pointé sur la « République* ecclésiastique et civile » *(Common-wealth Ecclesiasticall and Civil)*, tandis que sous la mitre nous voyons une représentation conventionnelle – popularisée par d'innombrables livres d'emblèmes – d'un *fulmen* ou foudre[54]. Ce symbole renvoyait à l'origine à la vengeance de Jupiter ; mais, comme Hobbes le souligne lui-même dans le chapitre 42 du *Léviathan*, il en était venu à signifier finalement le *Fulmen Excommunicationis*, les *Foudres de l'Excommunication*, proclamées par l'Église catholique comme un des pouvoirs du pape au-dessus des puissances temporelles[55].

Sous ces images, une paire de vignettes, plus grandes, nous montre, dans un nouveau calembour visuel, les forces sur lesquelles s'appuient ces prétentions au pouvoir. Pour étayer les anathèmes de l'Église, il y a les armes aiguisées et dangereuses de l'arsenal verbal présentées ici sous la forme des techniques scolastiques de l'argu-

---

54. Voir, par exemple, Coustau 1560, p. 59 ; Camerarius 1605, Partie 1, f° 37 ; Haecht Goidtsenhoven 1610, p. 2 ; Schoonhovius 1618, emblème 56 ; Zincgref 1619, sig. N, 2ᵛ ; Baudoin 1638, pp. 297, 339. De façon plus frappante (étant donné que le livre figure sur le catalogue de la bibliothèque de Hardwick rédigé par Hobbes), la même image apparaît in Covarrubias 1610, f° 101.

55. Hobbes, *Léviathan, op. cit.*, p. 536.

ment fourchu[56]. Elles soutiennent précisément l'affirmation selon laquelle, comme le texte sur les deux fourches du centre nous le rappelle, les pouvoirs de l'Église peuvent être aussi bien temporels que spirituels, et peuvent réclamer un double contrôle, direct et indirect, sur les États[57]. Au même niveau, également mis au service du canon, nous voyons un équipement de guerre tout aussi aiguisé et dangereux, sous la forme du classique « trophée » – une image courante dans les livres d'*emblemata*[58] –, consistant en sabres croisés, mousquets, piques et drapeaux, accompagnés d'un tambour pour faire retentir l'appel aux armes.

Le niveau le plus bas dévoile la somme cumulée de ces sources de désunion et de discorde. Hobbes affirme dans le chapitre 29 du *Léviathan* qu'une des causes de la dissolution des Républiques* est la fausse croyance, propagée par les docteurs de l'Église catholique, qu'« il peut y avoir plus d'une âme, c'est-à-dire plus d'un souverain, dans la même République* ». Ils défendent cette proposition, poursuit Hobbes, en « travaillant les esprits des gens avec des termes et des distinctions qui en soi ne signifient rien », mais qui tendent à suggérer que les dirigeants de l'Église pourraient avoir le droit de faire que « ses commandements soient respectés comme des lois »[59]. Les conclusions qu'ils avancent sont absurdes, fondées qu'elles sont sur la pure « ténèbre des distinctions scolastiques et des termes abstrus », mais l'expérience a prouvé qu'il est néanmoins facile pour l'Église d'avoir « assez de partisans pour troubler la République*, voire pour la détruire »[60].

La vignette inférieure sur la droite nous montre ces forces destructrices à l'œuvre[61]. Une *disputatio* scolastique y prend place, sous le regard de deux rangées de docteurs portant la haute barette

---

56. Il est écrit sur la fourche à trois dents de gauche « Syl/logis/me » ; sur celle de droite, à deux dents, « *Real/Intentional* » (Réel/Intentionnel) ; sur les cornes en dessous, « *Di/lem/ma* » (Dilemme).

57. Il est écrit sur la fourche au centre « *Spiritual/Temporal* » (Spirituel/Temporel) ; sur la fourche oblique, « Directe/Indirecte ».

58. Voir, par exemple, Boissard 1593, p. 13 (figure 4) ; Oraeus 1619, p. 56 ; Juste Lipse 1637, Frontispice (figure 5).

59. Hobbes, *Léviathan, op. cit.*, pp. 349-350.

60. *Ibid.*, p. 351.

61. Ici mon interprétation s'oppose à celle de Corbett et Lightbown 1979, pp. 228-229.

carrée qui les désigne comme des prêtres de l'Église catholique[62]. Dans les deux paires d'adversaires des parties en litige, l'un s'exprime avec la paume ouverte de la rhétorique tandis que son vis-à-vis tient un livre ouvert et fait un geste de la main. Quelle que puisse être la *Quæstio* qu'ils sont en train de trancher, ils inspirent à Hobbes, comme il le dit au chapitre 29, la suspicion et la crainte les plus vives. « Quand le pouvoir spirituel meut les membres d'une République* » et « par des mots étranges et abstrus, étouffe la compréhension des gens, il met l'incohérence dans les esprits, et alors, ou bien il écrase et opprime la République, ou bien il la jette dans le brasier de la guerre civile »[63]. La vignette tout en bas sur la gauche nous montre, bien réelle, la conflagration qui en résulte. Nous voyons un champ de bataille avec des troupes de cavalerie se chargeant et se tirant mutuellement dessus, tandis qu'à l'arrière-plan deux rangs opposés de piquiers se tiennent prêts à s'affronter en un massacre de masse. Tel est le résultat auquel on arrive inéluctablement, suggère Hobbes graphiquement, quand on permet la division des pouvoirs spirituels et temporels qui devraient au contraire être fermement tenus dans les mains du souverain.

Si la transposition visuelle de Hobbes de sa théorie de la souveraineté est d'une originalité frappante, elle n'est pas complètement sans précédent dans la littérature emblématique anglaise. La *Collection of Emblemes* de George Wither (1635) avait inclus une représentation de l'autorité suprême contenant un certain nombre de traits comparables *(figure 19)*[64]. Wither montre également une figure couronnée dressant sa silhouette imposante au-dessus d'un paysage paisible et ensoleillé, et la sienne est aussi – dans un calembour quelque peu grotesque – comme complètement ou pesamment armée. À l'instar du souverain de Hobbes, il unit dans sa personne tous les éléments de l'autorité civile et ecclésiastique, dont l'épée de justice dans une de ses mains droites et la foudre de l'excommunication dans une des gauches. La lettre gravée nous

---

62. Comme le soulignent Corbett et Lightbown 1979, p. 229.
63. Hobbes, *Léviathan, op. cit.*, p. 351-352.
64. Wither 1635, p. 179. L'image de Wither est elle-même une adaptation de la représentation du géant Géryon, in Alciat 1550, p. 47.

Figure 19

assure qu'« où sont de nombreuses forces unies, là est aussi le pouvoir invincible[65] ».

Les images de Wither et de Hobbes présentent cependant un contraste important lié au fait que Hobbes ne s'arrête pas au simple constat qu'il est indispensable de réunir ensemble des forces disparates, mais qu'il souligne clairement la nécessité d'un lien politique bien plus fort. Alors que l'emblème de Wither porte les mots « Concorde insurmontable » dans la devise latine autour de son listel[66], Hobbes souligne dans le chapitre 17 du *Léviathan* que la convention par laquelle l'État est institué « va plus loin que le consensus, ou concorde ; il s'agit d'une unité réelle de tous », donnant naissance à l'autorité protectrice la plus puissante qu'il

---

65. Wither 1635, p. 179. Sur la place du livre d'emblèmes de Wither dans la culture de la Cour des années 1630, voir Farnsworth 1999.
66. Withers 1635, p. 179 : *« Concordia Insuperabilis »*.

soit possible d'engendrer[67]. La conséquence au niveau du titulaire de la souveraineté est, poursuit Hobbes, que «l'emploi lui est conféré d'un tel pouvoir et d'une telle force, que l'effroi qu'ils inspirent lui permet de modeler les volontés de tous, en vue de la paix à l'intérieur et de l'aide mutuelle contre les ennemis de l'extérieur[68]».

C'est cette conception de l'État comme une force tout à la fois terrifiante et protectrice que le frontispice de Hobbes s'efforce de représenter. La morale transmise par l'image est claire, et elle ne vaut rien pour conforter la cause monarchiste. La révérence avec laquelle nous voyons la population regarder vers le souverain n'est due qu'à ceux qui contiennent les forces perturbatrices, instaurant ainsi la sécurité nécessaire pour que leurs sujets puissent vivre dans la prospérité et la paix. Nous pouvons peut-être dire du frontispice ce que Hobbes dit de tout l'ensemble de son traité, qu'il fut conçu «sans autre dessein que de placer devant les yeux des hommes la relation mutuelle qui existe entre protection et obéissance[69]».

II.

L'argumentation en faveur de la défense de la République* anglaise que j'ai retracée jusqu'à maintenant est largement problématique. Comme Hobbes le résume à la fin du chapitre 21 du *Léviathan*, il affirme fondamentalement que «la fin que vise l'obéissance, c'est la protection»: quand on est protégé, on a une obligation à obéir; quand on n'est plus protégé, l'obligation prend fin[70]. Mais il a également à cœur de fonder sur des principes la défense irénique de la République* anglaise qu'il construit; et, dans le *Léviathan*, il mène à bien ce projet de deux façons distinctes mais liées, concluant ainsi son traité sur des accents bien plus élevés.

---

67. Hobbes, *Léviathan, op. cit.*, p. 177.
68. *Ibid.*, p. 178.
69. *Ibid.*, p. 721.
70. *Ibdi.*, p. 234 (traduction modifiée).

Hobbes s'assigne pour tâche principale de miner une affirmation avancée par de nombreux ennemis du Parlement croupion sur le rôle présumé du consentement populaire dans la formation des gouvernements légitimes. Parmi ceux qui soulignent qu'un accord explicite est indispensable, citons celui qui fut peut-être le plus influent, Edward Gee, un prédicateur presbytérien bien connu et ennemi implacable des Indépendants, qui publia son *Exercitation Concerning Usurped Powers (Dissertation sur l'usurpation des pouvoirs)* à la fin de 1649[71]. Le traité de Gee commence par la déclaration que «le vote du peuple est la voix de Dieu», de telle sorte que «la seule justification légitime d'une prétention au gouverment» est celle qui s'appuie sur le consentement de la population tout entière[72]. Comme il l'explique cependant après, la nouvelle République* d'Angleterre n'est pas fondée sur un acte de consentement de ce type; elle prend naissance à partir d'une «irruption nuisible et de force» impliquant prise de possession et subjugation violentes[73]. C'est donc «pure Usurpation, et cela dans toutes les dimensions du terme, et cela contre un gouvernement légitimement installé[74]». Nous ne pouvons donc pas avoir la moindre obligation à obéir à ses ordres, car nous ne devons pas allégeance aux «intrus violents, mais aux Magistrats opprimés et violemment chassés[75]». Il peut même nous être reconnu un devoir positif de désobéissance; car, en obéissant à un subjugueur, j'enlève «au magistrat légitime le droit qu'il avait sur moi et je le lèse dans l'allégeance par laquelle je suis toujours lié à lui[76]».

C'est au cœur d'un raisonnement qu'il avait développé à l'origine dans les *Éléments de la loi naturelle et politique* que Hobbes puise sa réponse à cette ligne d'attaque. Il avait alors admis que, si c'est à juste titre qu'il nous est retranché de notre liberté naturelle, cet amenuisement ne peut se produire qu'avec notre accord; sinon

---

71. La page de titre donne 1650 comme année de publication, mais sur la copie de Thomason (British Library) cette date a été barrée et les mots «18 décembre 1649» ont été insérés. Voir aussi Wallace 1964, pp. 394-395.

72. [Gee] 1650, pp. 2-3.

73. [Gee] 1650, pp. 10-11.

74. [Gee] 1650, p. 8.

75. [Gee] 1650, p. 16.

76. [Gee] 1650, p. 10.

nous serons réduits à la condition non pas de sujet mais d'esclave[77]. Il avait pourtant ajouté que, quand nous nous assujettissons à un subjugueur par peur de la mort, nous donnons effectivement notre consentement: nous nous soumettons de notre plein gré afin de préserver notre vie, et l'on peut considérer que nous passons une convention avec le vainqueur qui nous a subjugués[78]. La nouveauté fondamentale du *Léviathan* est que Hobbes applique maintenant ce raisonnement général au cas particulier de sa défense du Parlement croupion. Il concède, comme dans son précédent traité, que nous ne pouvons être, sans notre accord, sujets d'aucune forme légale de pouvoir souverain. La raison, telle qu'il la présente dorénavant, est que « nul ne supporte aucune obligation qui n'émane d'un acte qu'il a lui-même posé, puisque par nature tous les hommes sont également libres[79] ». Comme avant, toutefois, il souligne que, quand nous nous soumettons à un subjugueur pour éviter un coup mortel qui nous presse, nous donnons effectivement notre consentement: nous accomplissons un acte volontaire de soumission qui a pour effet de nous imposer, en conscience, un devoir d'obéissance.

Hobbes formule les raisons qui le conduisent à cette conclusion dans son chapitre 20, où il examine le cas d'école d'une association dissoute « par subjugation, ou victoire dans la guerre[80] ». Quand une telle catastrophe se produit, les gens se retrouvent face à la mort ou à l'esclavage, à l'exécution ou à l'asservissement dans les mains de ceux qui ont emporté la victoire. Mais en même temps le vainqueur a toute latitude de proposer une alternative aux vaincus. Plutôt que les « maintenir en prison ou dans les fers », jusqu'à ce qu'il ait pris une décision sur leur sort, il peut faire d'eux ses serviteurs, leur permettant une liberté corporelle et acceptant de leur faire confiance aussi longtemps que chacun d'entre eux promet « de ne pas s'enfuir et de ne pas faire violence à son maître[81] ».

---

77. Hobbes, *Éléments de la loi naturelle et politique, op. cit.*, I, 17, 11, p. 208 ; II, 3, 3, p. 253.
78. *Ibid.*, II, 3, 2, p. 252.
79. Hobbes, *Léviathan, op. cit.*, p. 229.
80. *Ibid.*, p. 211, traduction modifiée.
81. *Ibid.*, pp. 211, 212.

Le vainqueur, en d'autres termes, peut proposer un choix aux vaincus, et cela signifie par conséquent que nous pouvons imaginer ces derniers en train de délibérer sur les termes de l'alternative qui leur est offerte. Le chapitre 20 du *Léviathan* nous fait vivre le processus de délibération qui doit s'ensuivre. Il est probable que tout homme qui pèse les termes de cette alternative conclura que son premier désir est « d'éviter le coup mortel qui le presse ». Ce vœu aura l'effet de former sa volonté de telle manière que l'ultime appétit du mécanisme de décision sera la crainte de la mort, laquelle à son tour le déterminera à choisir de « s'assujettir à celui qu'il craint »[82]. Le résultat le plus probable sera donc une décision de devenir serviteur de son subjugueur plutôt que d'être tué ou réduit en esclavage. Mais cela revient à dire que sa soumission est un acte de choix, et donc qu'il consent de plein gré aux termes de sa sujétion au gouvernement. Comme Hobbes le résume pour tous les hommes placés dans cette situation, « ils conviennent (soit par des paroles expresses, soit par quelque autre signe suffisant de sa volonté) qu'aussi longtemps qu'on lui accordera la vie et la liberté corporelle, le vainqueur en aura l'usage, au gré de son bon plaisir[83] ».

Avec ce raisonnement, Hobbes est en mesure de mettre le doigt sur l'erreur commise par Edward Gee et d'autres penseurs presbytériens qui niaient qu'un gouvernement légal pût jamais être fondé sur un acte de subjugation. Ils affirment que le vainqueur ne peut alléguer que sa victoire pour justifier son droit de domination sur ceux qu'il a subjugués, et donc que les vaincus n'ont jamais donné leur consentement. Mais comme Hobbes prétend l'avoir démontré, « ce n'est pas le succès des armes qui donne le droit d'exercer la domination sur le vaincu, mais la convention passée par celui-ci[84] ». La raison pour laquelle un homme qui a été vaincu contracte les obligations d'un vrai sujet n'est pas « parce qu'il a été subjugué, c'est-à-dire battu, capturé, ou mis en fuite » ; mais plutôt « par le fait qu'il se rend et fait sa soumission au vainqueur », convenant d'être son serviteur aussi longtemps que sa vie et sa liberté sont épargnées[85].

---

82. *Ibid.*, pp. 211, 206, traduction modifiée.
83. *Ibid.*, p. 211.
84. *Ibid.*, p. 212.
85. *Ibid.*

Il a les obligations d'un vrai sujet parce qu'il a de plein gré consenti aux termes de sa propre soumission au gouvernement.

Dans la Révision et Conclusion du *Léviathan*, Hobbes applique ce raisonnement pour monter une défense plus spécifique en faveur de ceux qui, comme son propre employeur le comte du Devonshire, ont « composé » pour rentrer en possession de leurs biens mis sous séquestre. Devonshire avait pris le chemin de l'exil au début de la guerre civile, mais il put recouvrer ses propriétés dès 1645 après s'être soumis au Parlement et avoir payé une amende[86]. À l'inverse, un grand nombre de monarchistes de premier plan – dont l'ancien ami de Hobbes, Edward Hyde – refusèrent inébranlablement tout au long des années 1650 de procéder à une telle reconnaissance et de se mettre au service du régime de la République*[87]. Réfléchissant sur ces choix diamétralement opposés, Hobbes, de façon caractéristique, prend fait et cause pour l'attitude réaliste. Comme il l'observe de façon encourageante, si un sujet « est protégé par le parti adverse en échange de sa contribution », il doit reconnaître que « cette contribution, bien qu'elle soit un fait d'assistance à l'ennemi, est partout, en tant que chose inévitable, estimée licite ; une soumission totale, qui n'est rien d'autre qu'un acte d'assistance à l'ennemi, ne peut être estimée illicite »[88]. Il ajoute même, dans un retournement malicieux, que ceux qui refusent de composer et par conséquent voient leurs biens confisqués, font sans doute plus de tort à leur cause que ceux qui se soumettent. « Si l'on tient compte que ceux qui se soumettent n'assistent l'ennemi qu'avec une part de leurs biens, alors que ceux qui refusent l'assistent avec la totalité, il n'y a pas de raison d'appeler leur soumission ou leur composition une assistance : on devrait plutôt parler d'un préjudice causé à l'ennemi[89]. »

Maintenant qu'il a reformulé sa vision élargie du consentement, Hobbes est prêt à traiter de l'autre aspect de sa défense irénique de la

---

86. Sur les monarchistes qui composèrent, voir Smith 2003, pp. 22-25, 108-109.
87. Sur ces loyalistes, voir Smith 2003, pp. 25-33, 109-114.
88. Hobbes, *Léviathan, op. cit.*, Révision et Conclusion, p. 715.
89. *Ibid.*

République* anglaise[90]. Il entreprend de déployer son raisonnement de manière à montrer qu'il est possible de fonder la légitimité du gouvernement du Parlement croupion sur des arguments bien plus solides que bon nombre de ses propres thuriféraires l'avaient supposé. Parmi eux, le plus éminent avait sans doute été Marchamont Nedham, l'éditeur du journal officiel du gouvernement[91], qui avait publié en mai 1650 *The Case of the Commonwealth of England, Stated (Exposé sur le cas de la République* d'Angleterre)*, une réponse passionnée au « très glorifié pamphlet » d'Edward Gee[92]. Nedham admet que le présent gouvernement tire son origine d'un acte de subjugation et que son titre n'est « fondé que sur la force[93] ». Mais contre l'idée, martelée par Gee, que le consentement du peuple est chose nécessaire, Nedham répond brutalement que « si seul un appel montant du peuple constitue une magistrature légale, alors il y aurait très rarement eu de magistrature légale dans le monde[94] ». La vérité, rétorque-t-il, c'est que la subjugation, en plus d'être le moyen le plus courant de fonder un gouvernement, accorde aux subjugueurs un droit à régner aussi bien que le pouvoir de le faire. « Un roi peut donc, par le droit de la guerre, perdre sa part et ses intérêts dans l'autorité et le pouvoir, après avoir été subjugué », et quand cela arrive, « la totalité de l'autorité royale » est « absorbée par le parti gagnant[95] ». Après que le parti gagnant s'est approprié le pouvoir, n'importe quel gouvernement qu'il lui plaît de mettre en place est aussi valable *de jure* que s'il avait obtenu le consentement

---

90. Metzger 1991, pp. 153-156, remarque à juste titre que, quand Hobbes associe protection et obéissance dans le *Léviathan*, il ne construit pas un raisonnement inédit. Mais il en déduit qu'il n'y aurait rien d'original dans la défense que fait Hobbes du régime de la République*. Comme nous l'avons vu cependant, le point de vue de Hobbes dans le *Léviathan* n'est pas de dire que ce serait la protection en soi qui ferait naître l'obligation d'obéir ; selon Hobbes, nous devons aussi donner notre consentement. Qui plus est, à la différence des penseurs antérieurs que cite Metzger, Hobbes affirme que le fait d'accorder son consentement est compatible avec le fait d'être conquis.

91. Sur Nedham, l'éditeur de ce journal *(Mercurius Politicus)*, voir Frank 1980, pp. 87-88 ; Barber 1998, pp. 191-193.

92. Sur Nedham répondant à Gee, voir Nedham 1969, p. 36.

93. *Ibid.*, p. 28.

94. *Ibid.*, p. 37.

95. *Ibid.*, p. 36.

de tout le peuple[96]. La conclusion de Nedham est donc que « le parti gagnant aujourd'hui en Angleterre a un droit et un juste titre à être nos gouverneurs » et que non seulement ils peuvent, mais même ils doivent être obéis, parce que leur subjugation leur a conféré « un droit de domination sur le parti subjugué »[97].

Il se peut que Nedham ait été un des hommes de lettres que Hobbes avait précisément à l'esprit quand il en vient à critiquer cette démonstration dans la Révision et Conclusion du *Léviathan*[98]. Il le déplore au tout début de son analyse : « Je constate en lisant différents livres anglais récemment imprimés que les guerres civiles n'ont pas encore appris adéquatement aux hommes à quel instant un sujet devient obligé envers celui qui le subjugue, ni ce qu'est l'acte de subjuguer ni d'où vient qu'il est obligé à obéissance aux lois du subjugueur[99]. » L'objection de Hobbes à ceux qui croient que la subjugation peut être une source d'obligation est qu'ils font la même erreur que leurs adversaires presbytériens. Ils affirment que « c'est la victoire elle-même » qui donne « un droit sur la personne des hommes »[100]. Il en résulte qu'ils confondent la situation de quelqu'un qui est subjugué avec celle où il a simplement le dessous. Ils échouent à voir que « celui qui est tué a eu le dessous, mais [qu']on ne l'a pas subjugué » et que « celui qui est pris et mis en prison ou dans les chaînes n'est pas subjugué, quoiqu'il ait eu le dessous »[101].

Hobbes répond, comme auparavant, que la seule façon pour qu'il puisse y avoir un droit de domination sur les personnes des hommes est qu'ils consentent à avoir une autorité au-dessus d'eux[102]. « L'instant où l'on devient le sujet du subjugueur est celui où, ayant la liberté de se soumettre à lui, on consent, par des paroles

---

96. *Ibid.*

97. *Ibid.*, pp. 28, 40.

98. Comme le suggère Hoekstra 2004, p. 58.

99. Hobbes, *Léviathan, op. cit.*, Révision et Conclusion, p. 714.

100. *Ibid.*, p. 715.

101. *Ibid.*, pp. 715-716.

102. C'est le point sur lequel j'ai à l'origine trop peu insisté in Skinner 2002a, vol. 3, pp. 264-286, comme le fait remarquer Hoekstra 2004, pp. 58-64. L'on pourrait en dire autant de mon analyse in Skinner 2002a, vol. 3, pp. 228-237. Il me semble qu'une erreur analogue fragilise l'idée, in Tarlton 1999, selon laquelle Hobbes poserait une équivalence entre puissance et droit.

expresses ou par quelque autre signe suffisant, à être son sujet[103]. » Comme dans le chapitre 20 cependant, l'affirmation essentielle de Hobbes est que, nous soumettre pour éviter le coup mortel qui nous presse, c'est précisément nous engager de plein gré dans un tel acte de consentement. Une fois encore, l'exemple qu'il donne est celui de quelqu'un qui « reçoit la vie et la liberté sous promesse d'obéissance[104] ». Il souligne que l'on peut considérer que ceux qui acceptent ces conditions afin d'éviter la mort ou la servitude ont choisi et, partant, consenti. La raison pour laquelle leur subjugueur acquiert des droits de souveraineté sur eux est donc qu'ils ont passé une convention et ainsi accepté son autorité. Comme il le formule à présent, ils n'ont pas simplement eu le dessous mais ils ont été subjugués. Résumant son propos, il finit par nous fournir, pour la première fois, une définition formelle de ce que signifie être sub-jugué. « *Subjuguer*, définit-il, c'est acquérir le droit de souveraineté par la victoire. » Ce droit dérive non pas de la victoire elle-même, mais « de la soumission du peuple » qu'il signale quand « il contracte avec le vainqueur, promettant obéissance en échange de sa vie et de sa liberté »[105].

Cette conclusion retentissante permet à Hobbes de mettre un terme à son raisonnement par la formulation de son argument polé-mique le plus puissant contre ceux qui ont défendu le Parlement croupion pour des motifs purement pragmatiques. Il leur accorde, bien sûr, que le fait d'être protégés nous donne toujours une raison de prêter allégeance à ceux qui nous protègent. Mais sa justifica-tion de loin la plus ambitieuse du Parlement croupion est qu'il mérite d'être obéi en conscience en tant que pouvoir pleinement légal. Ceux qui ont accepté sa protection, recevant par là de lui leur vie et leur liberté corporelle, peuvent être considérés comme ayant consenti à être ses sujets par des signes suffisants. Mais cela à son tour signifie qu'ils ont maintenant un devoir en conscience, et non pas seulement pour des motifs pragmatiques, de prêter entière obéissance au gouvernement. Ils ont conclu un contrat avec les vainqueurs ; et, parce qu'« un contrat licitement formé ne saurait

---

103. Hobbes, *Léviathan, op. cit.*, pp. 714-715.
104. *Ibid.*, p. 716.
105. *Ibid.*

être licitement rompu», il s'ensuit que tout le monde est «indubitablement tenu d'être un loyal sujet»[106].

Peu de temps après avoir écrit ces mots, Hobbes décida de se soumettre personnellement au nouveau gouvernement[107]. En janvier 1652, il rentra à Londres, où il trouva le Parlement croupion et le Conseil d'État dominé par la figure presque royale d'Oliver Cromwell, jouissant de son triomphe après avoir définitivement défait les royalistes à la bataille de Worcester en septembre 1651. Dans son autobiographie, Hobbes se souvient: «Je devais me concilier le *Conseil d'État*./ Cela fait, je me retire aussitôt dans la plus grande paix./ Et ainsi je m'applique à mes études, comme auparavant[108].» Plus particulièrement, il reprit ses travaux sur un système de philosophie en trois parties, qu'il réussit enfin à terminer, publiant la première partie en 1655 sous le titre *De corpore* et la deuxième, le *De homine*, en 1658. Avec ces ouvrages, il assouvit enfin l'ambition de toute sa vie de créer un système de philosophie fondée sur le présupposé qu'il n'y a rien de réel que les corps en mouvement. Au sein de ce système, le *Léviathan* trouve sa place comme le livre dans lequel il finit par réussir à montrer que, quand nous nous référons à la *liberté* des corps, nous ne pouvons parler de rien d'autre que de l'absence de cette sorte d'obstacles extérieurs qui rendent le mouvement impossible.

III.

Hobbes se décrit lui-même dans l'Épître dédicatoire du *Léviathan* comme répondant «d'un côté, à ceux qui luttent pour une trop grande liberté et, de l'autre, à ceux qui combattent pour une autorité excessive[109]». Si maintenant nous revenons en arrière et embrassons

---

106. *Ibid.*, p. 715.

107. Pour des détails sur le retour de Hobbes en Angleterre, voir Skinner 2002a, vol. 3, pp. 21-23.

108. *Hobbes, vies d'un philosophe, op. cit.*, p. 152-53; ici ce sont les vers 236-238.
   Concilio Status conciliandus eram.
   Quo facto, statim summa cum pace recedo,
   Et sic me studiis applico, ut ante, meis.

109. Hobbes, *Léviathan, op. cit.*, p. 1.

du regard la bataille qu'il a menée contre les partisans d'une trop grande liberté, nous pouvons voir que son attaque se fit en deux temps. D'abord il affirma que, une fois que nous comprenons ce que recouvre la notion d'homme libre*, nous pouvons voir qu'il est également possible de vivre en homme libre* sous n'importe quelle sorte d'État. Puis il ajouta que, une fois que nous comprenons le concept d'État libre, nous pouvons voir que toutes les espèces d'État peuvent tout aussi justement être désignées comme libres. Le grand coup rhétorique de Hobbes est donc de suggérer que la revendication de liberté qui s'est élevée tout au long des années 1640 de la bouche des auteurs républicains et démocratiques n'était que bruit et fureur, pure absurdité. Au moment où il publia le *Léviathan* latin, en 1668, il se sentit capable d'exprimer cette conclusion clef dans son style le plus dédaigneux : « Nos rebelles d'aujourd'hui », explique-t-il alors, « se plaignent et réclament la liberté, alors qu'ils en jouissaient très manifestement quand ils se sont soulevés »[110].

La stratégie globale que Hobbes adopte contre les penseurs démocratiques et autres théoriciens de la liberté républicaine est donc d'admettre leurs prémisses de base et ensuite de montrer que des conclusions complètement différentes peuvent tout aussi bien en être tirées. Le lecteur peut du reste se rendre compte d'emblée que le *Léviathan* est très exactement un exercice d'ironie dramatique : nous sommes informés sur la page de titre que le thème en est la « matière, la forme et le pouvoir d'une République*[111] ». Cette formule suscita beaucoup d'anxiété chez ceux des contemporains de Hobbes qui se reconnaissaient dans son engouement pour les vertus particulières des monarchies absolues. Comme Filmer s'en plaignit, « j'aurais aimé que le titre de l'ouvrage ne fût pas de la république* », parce que « beaucoup de gens ignorants sont enclins à comprendre par ce terme de république* un gouvernement populaire »[112]. Il est possible que Filmer ait raison, mais son objection

---

110. Hobbes, *Léviathan*, traduit du latin et annoté par François Tricaud et Martine Pécharman, *op. cit.*, p. 171 (traduction modifiée). Cf. Hobbes 1996, chap. 21, p. 147.
111. Hobbes, *Léviathan*, *op. cit.* Sur l'ironie dramatique chez Hobbes, voir Skinner 2006a, pp. 253-254.
112. Filmer 1991, p. 186. Comme Hoekstra 2006b, p. 209 le fait remarquer, c'était précisément dans ce sens que Hobbes lui-même avait utilisé le terme de « République* » dans les *Éléments de la loi naturelle et politique*.

échoue à percevoir l'ironie qui envahit l'ensemble du raisonnement de Hobbes. Le grand objectif de Hobbes et ce dont il veut nous persuader, c'est que les monarchies absolues ne méritent pas moins le nom de « République* » que le plus libre et le plus démocratique des États libres.

Conclusion

La conception de la liberté que Hobbes avance en dernier ressort dans le *Léviathan* de 1651 et qu'il répète dans la version latine de 1668 est forte dans sa simplicité. Être libre, c'est simplement ne pas être empêché de bouger en fonction de ses pouvoirs naturels, de telle sorte que la liberté d'action n'est ôtée aux agents humains que si et seulement si quelque opposition extérieure leur rend impossible d'accomplir une action qui sinon serait en leur pouvoir. « Le mot de LIBERTÉ signifie, au sens propre, absence d'empêchement », et « l'empêchement » ne veut rien dire d'autre que les « empêchements extérieurs du mouvement »[1].

J'ai suggéré que Hobbes avait développé cette ligne argumentative en réaction consciente contre la théorie républicaine de la liberté. Selon les théoriciens républicains, ce qui ruine la liberté humaine, ce n'est pas seulement des actes d'ingérence, mais aussi et plus fondamentalement l'existence d'un pouvoir arbitraire. La présence de relations de domination et de dépendance au sein d'une association civile doit obligatoirement, à elle seule, nous réduire de la condition de *liberi homines* ou d'« hommes libres* » à celle d'esclaves. Autrement dit, il ne suffit pas de jouir des droits et libertés civiques dans les faits ; si nous voulons être tenus pour des hommes libres*, il est nécessaire que nous en jouissions d'une manière par-

---

1. Hobbes, *Léviathan, op. cit.*, p. 168.

ticulière. Nous ne devons jamais les tenir simplement par la faveur ou le bon vouloir de quelqu'un d'autre ; nous devons toujours les tenir indépendamment du pouvoir arbitraire d'autrui susceptible de nous les enlever. Pour Hobbes, en revanche, ce qui attente à la liberté, ce n'est jamais une situation de domination et de dépendance, mais seulement un ou des actes d'ingérence déclarés. Ainsi, pour que nous soyons tenus pour des hommes libres*, il *suffit* que nous jouissions de nos droits et libertés civiques dans les faits ; la présence d'un pouvoir arbitraire au sein d'une association civile ne peut à elle seule ruiner notre liberté. « Qu'une République* soit monarchique ou populaire, la liberté y reste la même[2]. »

L'effort de Hobbes pour discréditer la théorie républicaine de la liberté fut à l'origine dédaigné par ses adversaires, et pourtant il fait date. Comme James Harrington devait le déplorer dans son *Océana* de 1656, Hobbes a beau afficher son irrévérence envers les grands auteurs de l'Antiquité, il ne nous apporte jamais la moindre démonstration de la vérité de sa propre doctrine[3]. Si cependant nous nous éloignons de la réception immédiate de la théorie de Hobbes pour nous tourner vers notre monde contemporain, nous y voyons la situation inverse. Il est vrai que l'affirmation la plus caractéristique de Hobbes – que seuls les obstacles qui rendent l'action impossible attentent réellement à la liberté – a généralement été considérée comme trop restrictive. La conception la plus courante veut qu'en plus des empêchements corporels, la contrainte de la volonté doive elle aussi être reconnue comme susceptible de limiter notre liberté[4]. Dernièrement, pourtant, même l'affirmation la plus étroite et rigoureuse de Hobbes a joui d'une popularité considéra-

---

2. Hobbes, *Léviathan, op. cit.*, p. 227.

3. Harrington 1992, p. 20 ; *Océana*, trad. fr. par P. F. Henry, rev. et complétée par François Delastre, précédé de *L'Œuvre politique de Harrington* par J. G. A. Pocock, trad. par Claude Lefort et Didier Chauvaux, Paris, Belin, 1995, p. 242. Sur Harrington en tant que détracteur de Hobbes, voir Parkin 2007, pp. 177-185. Pour une analyse de la liberté selon la conception des républicains anglais dans le sillage du *Léviathan* de Hobbes, voir Scott 2004, pp. 151-169.

4. Pour la défense et illustration de cette conviction, voir Carter, Kramer et Steiner (éd.) 2007, pp. 249-320.

ble, du moins dans la pensée juridique et politique anglophone[5]. Si, par ailleurs, nous nous concentrons sur sa conviction fondamentale – que la liberté est simplement absence d'ingérence –, nous découvrons qu'elle est généralement traitée comme un article de foi. Considérons, par exemple, l'analyse de la liberté la plus influente de la théorie politique anglophone des trente dernières années, l'essai d'Isaiah Berlin, *Two Concepts of Liberty (Deux conceptions de la liberté)*. Berlin prend pour une vérité incontestable que le concept d'ingérence doit être central pour toute explication cohérente de la liberté humaine. Si nous devons parler, explique-t-il, de restrictions de notre liberté, nous devons être en mesure de désigner quelque intrus, quelque acte de violation, quelque obstacle ou empêchement réel qui serve à entraver l'exercice de nos pouvoirs[6].

Est-il possible que l'ensemble de la tradition philosophique ne se soit pas intéressé au large éventail de situations qui peuvent limiter notre liberté d'action ? Les théoriciens républicains que j'ai examinés diraient certainement que c'est vrai dans leur cas. Il est évident que leur préoccupation principale n'est pas la liberté d'action, mais plutôt l'opposition entre l'indépendance du *liber homo* ou homme libre* et l'état de dépendance qui nous désigne comme esclaves. Pourtant, ils ne sont pas insensibles, loin de là, au sort des esclaves quand ils commencent à réfléchir sur leur condition de servitude, et il leur vient alors un détail d'importance à ajouter aux contraintes qui ruinent la liberté. Le point de vue qu'ils développent plus particulièrement est que la servitude nourrit la servilité. Quand on vit à la merci d'autrui, on aura toujours les motifs les plus forts pour ne prendre aucun risque. Autrement dit, il y aura beaucoup de choix que l'on sera porté à éviter, et beaucoup de choix que l'on sera porté à faire, et il résultera de l'accumulation de ces évitements et de ces consentements la mise en place de freins considérables à la liberté d'action.

Parmi les moralistes classiques qui ont médité sur ce lien entre esclavage et soumission servile, Tacite fut sans doute celui qui exerça

---

5. Voir, par exemple, Parent 1974 ; Steiner 1974-5 ; Taylor 1982, pp. 142-50 ; Carter 1999, pp. 219-234 ; Kramer 2003, pp. 150-271.

6. Berlin 2001, p. 204 ; *Éloge de la liberté*, trad. fr. par Jacqueline Carnaud et Jacqueline Lahana, Paris, Calmann-Lévy, 1988, pp. 178-179 ; cf. Skinner 2002c, p. 256.

la plus forte influence sur les penseurs républicains de la liberté du début de l'époque moderne. Bien des passages des *Annales* illustrent cet aspect, dont le plus mémorable est peut-être celui dans lequel il rappelle la conduite de la classe sénatoriale sous le règne de l'empereur Tibère. Le ton de mépris cinglant dont il use pour décrire leur comportement est saisi avec finesse par Richard Grenewey dans sa traduction de 1598 :

> Mais cette époque était à un point tel infestée par la plus répugnante flatterie que non seulement les plus hauts responsables de l'État se voyaient contraints d'adopter ces manières serviles pour maintenir leur rang, mais que les anciens Consuls, eux aussi, et avec eux la grande majorité de ceux qui avaient été Préteurs et aussi beaucoup de Sénateurs pédaires se levaient et s'évertuaient à soumettre au vote les propositions les plus abjectes et les plus basses. Il est écrit que lorsque Tibère sortait de la Curie, il s'écriait en grec : « Ô hommes prêts à toute servitude ! » C'est ainsi que lui, qui ne pouvait rien moins souffrir que les libertés publiques, ne voyait qu'avec dégoût leur basse et servile soumission qui peu à peu glissait des plus grossières flatteries jusqu'aux pratiques les plus obscènes[7].

Pour s'assurer la basse complaisance des principaux citoyens de Rome, Tibère n'eut pas besoin de faire allusion à la coercition qu'il pouvait exercer à son gré, et encore moins d'exprimer de menace de coercition. Il lui suffisait, pour garantir la servilité qu'il attendait et méprisait tout à la fois, que tous vécussent dans une totale dépendance de sa volonté.

Les penseurs républicains de la révolution anglaise mirent à leur tour l'accent sur la servilité des esclaves, par opposition à la franchise des hommes libres*, et nul n'y versa autant d'éloquence que John Milton dans ses pamphlets anti-monarchistes. Le *Readie and Easie Way to Establish a Free Commonwealth (Méthode simple et pratique pour établir une libre République*)* de 1660 présente la restauration imminente de la monarchie anglaise comme un retour à la servitude et peint un tableau horrifié de la servilité à venir. Il y a des

---

7. Tacite 1598, p. 84. Tacite, *Annales*, III, 65-66. Pour une analyse plus approfondie de ce passage et d'autres du même esprit, voir Skinner 2002c, pp. 258-261.

formes de conduite profondément répréhensibles, observe d'abord Milton, qui se révèlent presque inévitables à ceux qui vivent sous l'emprise de rois. Comme il peut leur arriver n'importe quoi et qu'ils sont prêts à tout pour éviter l'inimitié de leur prince, ils ont tendance à se comporter de façon à l'apaiser et à s'insinuer dans ses bonnes grâces, «en allant et venant en pompe pour se pavaner devant les salamalecs d'une foule obséquieuse et abjecte[8]». En même temps, d'autres comportements se révèlent presque impossibles à suivre. Nous ne pouvons jamais attendre d'eux la moindre parole ou action noble, aucune volonté à dire la vérité au pouvoir, aucune envie de parler franc ni d'en tirer des principes d'action[9].

Pour Milton, comme pour Tacite, il y a de nombreuses limitations à notre liberté d'action qui ne procèdent ni des obstacles physiques, ni de la contrainte de la volonté, et pas même de la peur que cette contrainte pourrait s'exercer. Pour Hobbes en revanche, tout ce que l'on peut dire de ces prétendues limitations n'est qu'un exemple typique de ce qu'il aime à décrire comme du bavardage insignifiant. Comme nous l'avons vu, dans le *Léviathan*, l'essence de la conception sur laquelle il a le plus travaillé est que, si nous devons justifier l'affirmation qu'il a été attenté à notre liberté, nous devons être en mesure de désigner quelque obstacle identifiable, qui aura eu pour effet de rendre impossible l'accomplissement d'une action qui était pourtant en notre pouvoir.

Parler de cet engagement partisan, c'est identifier la pointe de son assaut contre la théorie républicaine de la liberté. Si nous réfléchissons à sa contre-attaque, et en particulier à son influence historique durable, il nous est difficile de ne pas reconnaître que Hobbes a gagné la bataille. Mais il vaut encore la peine de se demander si son argument a gagné la guerre.

---

8. Milton, *Écrits politiques : 1642-1660, op. cit.*, pp. 334 et 336.
9. *Ibid.*, p. 336.

Bibliographie

Sources manuscrites

Bakewell, Derbyshire, Chatsworth House :
Hardwick MS 64 : sans titre [volume MS relié, 84 p. Titre sur la première page : *The First Booke of the Courtier*. Traduction en latin par William Cavendish, deuxième comte du Devonshire, du premier livre de Baldassare Castiglione, *Il libro del cortegiano*, avec corrections et additions, certaines de la main de Hobbes].
Hobbes MS A. 1 : Ad Nobilissimum Dominum Gulielmum Comitem Devoniæ etc. De Mirabilibus Pecci, Carmen Thomas Hobbes.
Hobbes MS A. 2. B : *The Elementes of Law Naturall and Politique* [copie de scribe (le même que dans B. L. Harl. MS 4235) ; la Lettre dédicatoire et de nombreuses corrections apportées au texte sont de la main de Hobbes].
Hobbes MS A. 3 : *Elementorum Philosophiæ Sectio Tertia De cive* [Copie sur vélin, la Lettre dédicatoire est signée par Hobbes].
Hobbes MS A. 6 : sans titre [MS de *Vita Carmine Expressa*, 10 p., principalement de la main de James Wheldon, corrections de Hobbes].
Hobbes MS D. 1 : *Latin Exercises* [volume MS relié. *Ex Aristot : Rhet.* pp. 1-143, avec corrections de la main de Hobbes ; extraits de l'Abrégé par Florus de Tite-Live pp. 160-54 *rev.*].

Hobbes MS E. 1. A: sans titre [volume MS relié, 143 p., 5 p. blanches à la fin ; *Old Catalogue* sur le dos. Catalogue de Hardwick Library, établi pour l'essentiel en 1628, presque entièrement de la main de Hobbes].

Londres, British Library :
Egerton MS 1910 : Thomas Hobbes, *Leviathan Or the Matter, Forme, and Power of A Common-wealth Ecclesiasticall and Civil* [copie sur vélin.]
Harl. MS 4235 : Thomas Hobbes, *The Elements of Law, Naturall and Politique* [copie de scribe ; corrections de la main de Hobbes].

Oxford, St. John's College :
MS 13 : *Behemoth or The Long Parliament. By Thomas Hobbes of Malmsbury* [Copie de la main de James Wheldon, additions et coupures de la main de Hobbes].

Paris, Bibliothèque nationale :
Fonds Latin MS 6566A : sans titre [MS de la critique, par Hobbes, de White, *De mundo* ; *Hobs* sur le dos ; pas de page de titre].

SOURCES PRIMAIRES IMPRIMÉES

ALCIAT, Andrea (1550), *Emblemata*, Lyon.
– (1621), *Emblemata cum commentariis amplissimis*, Padoue.
– (1996), *Emblemata : Lyon, 1550*, trad. Betty I. Knott, introd. John Manning, Aldershot.
ALTHUSIUS, Johannes (1932), *Politica Methodica Digesta*, éd. C. J. Friedrich, Cambridge (Mass.).
ARBER, Edward (éd.) (1875-1894), *A Transcript of the Registers of the Company of Stationers of London, 1554-1640 AD*, 5 vol., Londres et Birmingham.
ARISTOTE (1547), *The Ethiques of Aristotle*, trad. John Wilkinson, Londres.
– (1598), *Politiques, or Discourses of Government*, trad. I. D., Londres.
ARRIAGA, Roderico de (1643-1655), « Tractatus de actibus humanis », in *Disputationes theologicæ*, 8 vol., Anvers, vol. 3, pp. 1-310.

Aubrey, John (1898), «*Brief Lives*», *chiefly of Contemporaries, set down by John Aubrey, between the years 1669 & 1696*, éd. Andrew Clark, 2 vol., Oxford ; «Vie de Thomas Hobbes», in *De cive ou les Fondements de la politique*, trad. de Samuel Sorbière ; présentation par Raymond Polin, Paris, Sirey, 1981.

[Aylmer, John] (1559), *An Harborowe for Faithfull and Trewe Subjectes*, Strasbourg.

Baudoin, Jean (1638), *Recueil d'emblèmes divers*, Paris.

Bèze, Théodore de (1970), *Du droit des Magistrats*, éd. Robert M. Kingdon, Genève.

Bocchi, Achille (1574), *Symbolicarum Quæstionum*, Bologne.

Bodin, Jean (1576), *Les Six Livres de la République*, Paris.

– (1586), *De republica libri sex*, Paris.

– (1606), *The Six Bookes of a Commonweale… done into English*, par Richard Knolles, Londres.

Boissard, Jean Jacques (1593), *Emblematum Liber*, Francfort.

Bracton, Henry de (1640), *De Legibus et Consuetudinibus Angliæ, Libri Quinque*, Londres.

[Bramhall, John] (1643), *The Serpent Salve*, n. p.

Bruck, Jacob (1618), *Emblemata Politica*, Strasbourg.

Camerarius, Joachim (1605), *Symbolorum et emblematum centuriæ tres*, Leipzig.

Castiglione, Baldassare (1561), *The Courtyer of Count Baldessar Castilio… done into Englyshe by Thomas Hoby*, Londres.

Cats, Jacob (1627), *Proteus, ofte Minne-beelden verandert in sinne-beelden*, Rotterdam.

[Charles Ier] (1642), *His Majesties Answer to the XIX Propositions of Both Houses of Parliament*, Londres.

[Charles Ier] (1649), *King Charls his Speech Made upon the Scaffold*, Londres.

Cicéron (1913), *De officiis*, éd. et trad. Walter Miller, Londres ; *Les Devoirs*, t. 1 et, Livre I-II-III, éd. et trad. M. Testard, Paris, Les Belles Lettres, 1965 et 1970.

Clarendon, Edward, comte de (1676), *A Brief View and Survey of the Dangerous and Pernicious Errors to Church and State, In Mr. Hobbes's Book, Entitled Leviathan*, Oxford.

Cobbett, William et Hansard, T. C. (éd.) (1807), *The Parliamentary History of England, from the Earliest Period to the Year 1803...*, vol. 2: AD 1625-1642, Londres.

Contarini, Gasparo (1543), *De Magistratibus & Republica Venetorum*, Paris.

– (1599), *The Common-wealth and Government of Venice*, trad. Lewes Lewkenor, Londres ; *Des magistratz, & république de Venise composé par Gaspar Contarin gentilhomme Venetien, & despuis traduict de Latin en vulgaire Francois par Jehan Charrier natif d'Apt en Provence* (On les vend à Paris en la grand'salle du Palays en la boutique de Galiot du Pré, libraire de l'Université), 1544.

Cope, Esther S. et Coates, Willson H. (éd.) (1977), *Proceedings of the Short Parliament of 1640*, Londres.

Coustau, Pierre (1560), *Le Pegme de pierre*, Lyon.

Covarrubias, Sebastián de (1610), *Emblemas Morales*, Madrid.

Cramer, Daniel (1630), *Emblemata Moralia Nova*, Francfort.

Davies, John (1657), « An Account of the Author », in *Hierocles upon the Golden Verses of Pythagoras... Englished by J. Hall*, Londres, Sig. a, 8^r à Sig. A, 3^v.

A Declaration of the Parliament of England, Expressing the Grounds of their late Proceedings, And of Setling the Present Government in the Way of A Free State, Londres, 1649.

Digest of Justinian (1985), éd. Theodor Mommsen et Paul Krueger, éd. et trad. Alan Watson, 4 vol., Philadelphie (Penn.).

Érasme, Desiderius (1533), *A Booke Called in Latyn Enchiridion Militis Christiani and in Englysshe the Manuell of the Christen Knight*, Londres.

Euclid (1571), *The Elements of Geometrie*, trad. Henry Billingsley, Londres.

Filmer, sir Robert (1991), *Patriarcha and Other Writings*, éd. Johann Sommerville, Cambridge ; *Patriarcha ou Le Pouvoir naturel des rois*, suivi des *Observations sur Hobbes*, présentation de Patrick Thierry, trad. de Michaël Bizion, Colas Duflo, Hélène Pharabod *et al.*, Paris, L'Harmattan, 1991.

Foster, Elizabeth Read (éd.) (1966), *Proceedings in Parliament 1610*, 2 vol., New Haven (Conn.).

GARDINER, S. R. (éd.) (1906), *The Constitutional Documents of the Puritan Revolution 1625-1660*, 3ᵉ éd., Oxford.

[GAUDEN, John] (1649), *Eikon Basilike: The Pourtraicture of His Sacred Majestie in his Solitudes and Sufferings*, Londres.

[GEE, Edward] (1650), *An Exercitation Concerning Usurped Powers*, s.l.

GIBSON, Strickland (éd.) (1931), *Statuta Antiqua Universitatis Oxoniensis*, Oxford.

GOODWIN, John (1642), *Anti-Cavalierisme*, Londres.

GREEN, Mary Anne Everett (éd.) (1875), *Calendar of State Papers, Domestic Series*, 1649-1650, Londres.

HAECHT GOIDTSENHOVEN, Laurens van (1610), *Microcosmos: parvus mundus*, Amsterdam.

HALL, John (1650), *The Grounds & Reasons of Monarchy Considered*, Édimbourg.

HARDY, Nathaniel (1647), *The Arraignment of Licentious Libertie, and Oppressing Tyrannie*, Londres.

HARIOT, Thomas (1590), *A Briefe and True Report of the New Found Land of Virginia*, Francfort. Deux traductions françaises: *Merveilleux et estrange rapport, toutesfois fidèle, des commoditez qui se trouvent en Virginia, des façons des naturels habitans d'icelle, laquelle a esté nouvellement descouverte par les Anglois que messire Richard Greinville y mena en colonie l'an 1585... Traduit nouvellement d'anglois en françois*, Francfort-sur-le-Main, T. de Bry, 1590; *Voyages en Virginie et en Floride*, traduits du latin par L. Ningler et confrontés avec les textes anglais, français ou allemands, dont t. I, *Description merveilleuse et cependant véritable des mœurs et coutumes des sauvages de la Virginie (en 1585)*, écrite d'abord en anglais par Thomas Harlot, illustrations en taille-douce par Théodore de Bry, d'après les images prises sur le vif par John With, envoyé dans ce but en 1585 et 1586, Bruxelles-Paris, 1927.

HARRINGTON, James (1992), *The Commonwealth of Oceana*, éd. J. G. A. Pocock, Cambridge; *Océana*, trad. par P. F. Henry, rev. et complétée par François Delastre, précédée de *L'Œuvre politique de Harrington* par J. G. A. Pocock, trad. Claude Lefort et Didier Chauvaux, Paris, Belin, 1995.

HAYWARD, John (1603), *An Answer to the First Part of a Certaine Conference, Concerning Succession*, Londres.

HOBBES, Thomas (1629), *Eight Bookes of the Peloponnesian Warre Written by Thucydides… Interpreted… by Thomas Hobbes*, Londres.

– (1642), *Elementorum Philosophiæ Sectio Tertia De cive*, Paris.

– (1650a), *Humane Nature : Or, The fundamental Elements of Policie*, Londres.

– (1650b), *De Corpore Politico. Or The Elements of Law, Moral & Politick*, Londres.

– (1651), *Leviathan, Or The Matter, Forme, & Power of a Commonwealth Ecclesiasticall and Civil*, Londres.

– (1839a), *T. Hobbes Malmesburiensis Vita in Thomæ Hobbes malmesburiensis opera philosophica quæ latine scripsit omnia*, éd. sir William Molesworth, 5 vol., Londres, 1839-1845, vol. 1, pp. xiii-xxi ; *Hobbes, vie d'un philosophe*, texte établi et traduit par Jean Terrel, Rennes, Presses universitaires de Rennes, 2008.

– (1839b), *Thomæ Hobbes Malmesburiensis Vita Carmine Expressa* in *Opera philosophica*, éd. Molesworth, Londres, vol. 1, pp. lxxxi -xcix ; *Hobbes, vie d'un philosophe*, texte établi et traduit par Jean Terrel, Rennes, Presses universitaires de Rennes, 2008.

– (1840a), *Of Liberty and Necessity in The English Works of Thomas Hobbes of Malmesbury*, éd. sir William Molesworth, 11 vol., Londres, 1839-1845, vol. 4, pp. 229-278 ; *De la liberté et de la nécessité. Suivi de Réponse à la capture de Léviathan (controverse avec Bramhall I)*, introductions, traduction, notes, glossaires et index par Franck Lessay, Paris, Vrin, 1993.

– (1840b), *Considerations upon the Reputation, Loyalty, Manners, and Religion, of Thomas Hobbes of Malmesbury* in *The English Works*, éd. Molesworth, Londres, vol. 4, pp. 409-440 ; « M. Hobbes considéré dans sa loyauté, sa religion, sa réputation et ses mœurs », in *Hérésie et histoire*, introductions, traduction, notes, glossaires et index par Franck Lessay, Paris, Vrin, 1993, pp. 89-114.

– (1841a), *Leviathan, sive De Materia, Forma, & Potestate Civitatis Ecclesiasticæ et Civilis* in *Opera philosophica*, éd. Molesworth, Londres, vol. 3 ; *Léviathan*, traduit du latin et annoté par François Tricaud et Martine Pécharman, Paris, Vrin-Dalloz, 2004.

– (1841b), *The Questions Concerning Liberty, Necessity, And Chance in The English Works*, éd. Molesworth, Londres, vol. 5, pp. 1-455; *Les Questions concernant la liberté, la nécessité et le hasard*, introduction, notes, glossaires et index par Luc Foisneau, traduction par Luc Foisneau et Florence Perronin, Paris, Vrin, 1999.

– (1843a), *Eight Books of the Peloponnesian War [Books 1 to 4]*, in *The English Works*, éd. Molesworth, Londres, vol. 8; édition française de la « Préface à la traduction de la *Guerre du Péloponnèse* de Thucydide », in *Hérésie et histoire*, introductions, traduction, notes, glossaires et index par Franck Lessay, Paris, Vrin, 1993, pp. 117-161.

– (1843b), *Eight Books of the Peloponnesian War [Books 5 to 8]*, in *The English Works*, éd. Molesworth, Londres, vol. 9.

– (1845a), *De Mirabilibus Pecci, Carmen* in *Opera philosophica*, éd. Molesworth, Londres, vol. 5, pp. 323-340.

– (1845b), *Six Lessons to the Professors of the Mathematics in The English Works*, éd. Molesworth, Londres, vol. 7, pp. 181-356.

– (1969a), *The Elements of Law Natural and Politic*, éd. Ferdinand Tönnies, 2ᵉ éd., intro. M. M. Goldsmith, Londres; *Éléments de la loi naturelle et politique*, trad., introduction, notes, dossier et index par Dominique Weber, Paris, LGF, 2003.

– (1969b), *Behemoth or the Long Parliament*, éd. Ferdinand Tönnies, 2ᵉ éd., intro. M. M. Goldsmith, Londres; *Béhémoth ou le Long Parlement*, introduction, traduction, notes, glossaires et index par Luc Borot, Paris, Vrin, 1990.

– (1973), *Critique du De Mundo de Thomas White*, éd. Jean Jacquot et Harold Whitmore Jones, Paris.

– (1983), *De cive: The Latin Version*, éd. Howard Warrender, Oxford, The Clarendon Edition, vol. 2.

– (1994), *The Correspondence,* éd. Noel Malcolm, 2 vol., Oxford, The Clarendon Edition, vol. 6 et 7.

– (1996), *Leviathan, or The Matter, Forme, & Power of a Commonwealth Ecclesiasticall and Civill*, éd. Richard Tuck, Cambridge; *Léviathan*, introduction, traduction et notes par François Tricaud, Paris, Sirey, 1971.

– (1998), *On the Citizen*, éd. et trad. Richard Tuck et Michael Silverthorne, Cambridge.

– (2005), *Writings on Common Law and Hereditary Right*, éd. Alan Cromartie et Quentin Skinner, Oxford.

HOLTZWART, Mathias (1581), *Emblematum Tyracinia*, Strasbourg.

JOHNSON, Robert C. et COLE, Maija Jansson (éd.) (1977a), *Commons Debates 1628, volume 2: 17 March-19 April 1628*, New Haven (Conn.).

– KEELER, Mary Frear, COLE, Maija Jansson et BIDWELL, William B. (éd.) (1977b), *Commons Debates 1628, volume 3: 21 April-27 May 1628*, New Haven (Conn.).

Journals of the House of Commons. From April the 13th, 1640... to March the 14th, 1642 (1642), Londres.

JUNIUS, Franciscus (1638), *The Painting of the Ancients*, Londres.

JUNIUS, Hadrianus (1566), *Emblemata*, Anvers.

JUSTE LIPSE (1594), *Six Bookes of Politickes or Civil Doctrine*, trad. William Jones, Londres.

– (1637), *Opera Omnia*, 4 vol., Anvers.

KLEPPISIUS, Gregorius (1623), *Emblemata Varia*, n. p.

LA FAYE, Antoine (1610), *Emblemata et Epigrammata Miscellanea*, Genève.

LA PERRIÈRE, Guillaume de (1614), *The Theater of Fine Devices, Containing an Hundred Morall Emblemes*, Londres.

[LILBURNE, John] (1646a), *The Free-mans Freedome Vindicated*, Londres.

– (1646b), *Liberty Vindicated against Slavery*, Londres.

LODGE, Thomas (1620), *The Workes of Lucius Annaeus Seneca Newly Inlarged and Corrected*, Londres

LUCIEN (1913), *Heracles* in *Lucian*, éd. et trad. A. M. Harmon, *et al.*, 8 vol., Londres, vol. 1, pp. 61-70; *Œuvres*, texte établi et traduit par Jacques Bompaire, t. I, Paris, Les Belles Lettres, 2003, pp. 55-73.

MACHIAVELLI, Niccolò (1636), *Machiavels Discourses. Upon the first Decade of T. Livius*, trad. Edward Dacres, Londres.

MARSH, John (1642), *An Argument Or, Debate in Law*, Londres.

MAYNWARING, Roger (1627), *Religion and Alegiance: In Two Sermons Preached before the Kings Majestie*, Londres.

MEISNER, Daniel (1623), *Thesaurus Philo-Politicus*, Francfort.

Milton, John (1980), *The Readie and Easie Way to Establish a Free Commonwealth*, in *Complete Prose Works of John Milton*, vol. 7, éd. révisée Robert W. Ayers, New Haven (Conn.), pp. 407-463, dans *Écrits politiques : 1642-1660*, trad., intro. et notes par Renée et André Guillaume, Lausanne-Paris, L'Âge d'homme, 2007.

– (1991), *Political Writings*, éd. Martin Dzelzainis, Cambridge.

Montenay, Georgette de (1571), *Emblemes ou devises chrestiennes*, Lyon.

Nedham, Marchamont (1969), *The Case of the Commonwealth of England, Stated*, éd. Philip A. Knachel, Charlottesville.

Oraeus, Henricus (1619), *Viridarium hieroglyphico-morale*, Francfort.

[Overton, Richard] (1646), *The Commoners Complaint*, n. p.

– (1647), *An Appeale From the Degenerate Representative Body... To the Body Represented*, Londres.

Paradin, Claude (1557), *Devises heroiques*, Lyon.

[Parker, Henry] (1640), *The Case of Shipmony Briefly Discoursed*, Londres.

– (1642), *Observations upon some of His Majesties late Answers and Expresses*, Londres.

Peacham, Henry (1612), *Minerva Britanna Or a Garden of Heroical Devises, Furnished, and Adorned with Emblemes and Impresa's of Sundry Natures*, Londres.

Plutarque (1579), *The Lives of the Noble Grecians and Romanes, Compared*, trad. Thomas North, Londres.

[Ponet, John] (1556), *A Shorte Treatise of Politike Power*, Strasbourg.

Prynne, William (1643), *The Soveraigne Power of Parliaments and Kingdomes : Divided into Foure Parts*, Londres.

Pynson, Richard (éd.) (1508), *Magna Carta*, Londres.

Quintilien (1920-1922), *Institutio oratoria*, éd. et trad. H. E. Butler, 4 vol., Londres ; *Institution oratoire*, t. IV, texte établi et traduit par Jean Cousin, Paris, Les Belles Lettres, 1977.

Reusner, Nicolas (1581), *Emblemata*, Francfort.

Ripa, Cesare (1611), *Iconologia*, Padoue.

A Soveraigne Salve to Cure the Blind (1643), Londres.

Rutherford, Samuel (1649), *A Free Disputation Against Pretended Liberty of Conscience*, Londres.

Sambucus, Joannes (1566), *Emblemata*, Anvers.

SCHOONHOVIUS, Florentius (1618), *Emblemata*, Gouda.

SÉNÈQUE (1917-1925), *Epistulæ Morales*, éd. et trad. R. M. Gummere, 3 vol., Londres ; *Lettres à Lucilius*, t. II, texte établi par François Préchac et traduit par Henri Noblot, Paris, Les Belles Lettres, 1987.

SIMEONI, Gabriele (1562), *Symbola Heroica*, Anvers.

SMITH, sir Thomas (1982), *De republica Anglorum*, éd. Mary Dewar, Cambridge.

SUAREZ, Francisco (1994), *On Efficient Causality*, trad. Alfred J. Freddoso, New Haven (Conn.).

SUÉTONE (1606), *The Historie of Twelve Caesars Emperors of Rome*, trad. Philemon Holland, Londres.

TACITE (1598), *The Annales of Cornelius Tacitus*, trad. Richard Grenewey, Londres.

TITE-LIVE (1600), *The Romane Historie Written by T. Livius of Padua*, trad. Philemon Holland, Londres.

VÁZQUEZ DE MENCHACA, Fernando (1931-1933), *Controversiarum Illustrium Aliarumque Usu Frequentium Libri Tres*, éd. D. Fidel Rodríguez Alcalde, 3 vol., Valladolid.

Vindiciæ, Contra Tyrannos (1579), Édimbourg ; trad. fr. de 1581, Étienne Junius Brutus, *Revendications contre les tyrans* [préf. de C. Superantius], intro., notes et index par A. Jouanna, J. Perrin, M. Soulié... *[et al.]* ; H. Weber, coordinateur, Genève, Droz, 1979.

WHITNEY, Geffrey (1586), *A Choice of Emblemes, and Other Devises*, Leyde.

WITHER, George (1635), *A Collection of Emblemes, Ancient and Moderne*, Londres.

WOOD, Anthony (1691-1692), *Athenæ Oxonienses*, 2 vol., Londres.

ZINCGREF, Julius (1619), *Emblematum ethico-politicorum*, Francfort.

SOURCES SECONDAIRES IMPRIMÉES

ADAMS, Alison (2003), *Webs of Allusion · French Protestant Emblem Books of the Sixteenth Century*, Genève.

ARMITAGE, David (2006), « Hobbes and the foundations of modern international thought », in *Rethinking the Foundations of Modern*

Political Thought, éd. Annabel Brett et James Tully, Cambridge, pp. 219-235.

ATHERTON, Ian (1999), *Ambition and Failure in Stuart England: The Career of John, first Viscount Scudamore*, Manchester.

BALDWIN, T. W. (1944), *William Shakspere's « Small Latine & Lesse Greeke »*, 2 vol., Urbana (Ill.).

BARBER, Sarah (1998), *Regicide and Republicanism: Politics and Ethics in the English Revolution, 1646-1659*, Édimbourg.

BAUMGOLD, Deborah (1988), *Hobbes's Political Theory*, Cambridge.

– (2000), « When Hobbes needed history », in *Hobbes and History*, éd. G. A. J. Rogers et Tom Sorell, Londres, pp. 25-43.

– (2004), « The Composition of Hobbes's *Elements of Law* », *History of Political Thought*, 25, pp. 16-43.

BEAL, Peter (1987), *Index of English Literary Manuscripts*, vol. II, *1625-1700, Part I, Behn-King*, Londres.

BERLIN, Isaiah (2001), *Liberty*, éd. Henry Hardy, Oxford; *Éloge de la liberté*, trad. Jacqueline Carnaud et Jacqueline Lahana, Paris, Calmann-Lévy, 1988.

BERNARD, G. W. (1986), *War, Taxation and Rebellion in Early Tudor England: Henry VIII, Wolsey and the Amicable Grant of 1525*, Brighton.

BIANCA, Mariano (1979), *Dalla natura alla società: saggio sulla filosofia politico-sociale di Thomas Hobbes*, Padoue.

BLYTHE, James M. (1992), *Ideal Government and the Mixed Constitution in the Middle Ages*, Princeton (N.J.).

BRANDT, Frithiof (1928), *Thomas Hobbes' Mechanical Conception of Nature*, Londres.

BREDEKAMP, Horst (1999), *Thomas Hobbes Visuelle Strategien*, Berlin; *Stratégies visuelles du* Léviathan, trad. Denise Modigliani, Paris, Éditions de la MSH, Paris, 2003.

BRETT, Annabel S. (1997), *Liberty, Right and Nature: Individual Rights in Later Scholastic Thought*, Cambridge.

BRUGGER, Bill (1999), *Republican Theory in Political Thought: Virtuous or Virtual*, Basingstoke.

BRUNT, P. A. (1988), *The Fall of the Roman Republic and Related Essays*, Oxford.

Burgess, Glenn (1992), *The Politics of the Ancient Constitution: An Introduction to English Political Thought, 1603-1642*, Londres.

Carter, Ian (1999), *A Measure of Freedom*, Oxford.

– Kramer, Matthew et Steiner, Hillel (éd.) (2007), *Freedom: A Philosophical Anthology*, Oxford.

Clark, Stuart (2007), *Vanities of the Eye: Vision in Early Modern European Culture*, Oxford.

Coffey, John (2006), *John Goodwin and the Puritan Revolution: Religion and Intellectual Change in Seventeenth-Century England*, Woodbridge.

Colclough, David (2003), « "Better Becoming a Senate of Venice" ? The "Addled Parliament" and Jacobean Debates on Freedom of Speech », in *The Crisis of the Addled Parliament: Literary and Historical Perspectives*, Aldershot, pp. 51-79.

Collins, Jeffrey R. (2005), *The Allegiance of Thomas Hobbes*, Oxford.

Corbett, Margery et Lightbown, Ronald (1979), *The Comely Frontispiece: The Emblematic Title-Page in England 1550-1660*, Londres.

Damrosch, Leo (1979), « Hobbes as Reformation Theologian: Implications of the Free-Will Controversy », *Journal of the History of Ideas*, 40, pp. 339-352.

Dzelzainis, Martin (1989), « Edward Hyde and Thomas Hobbes's *Elements of Law, Natural and Politic* », *The Historical Journal*, 32, pp. 307-317.

Farneti, Roberto (2001), « The "Mythical Foundation" of the State: Leviathan in Emblematic Context », *Pacific Philosophical Quarterly*, 82, pp. 362-382.

Farnsworth, Jane (1999), « "An *equal,* and a *mutuall flame*": George Wither's *A Collection of Emblemes* 1635 and Caroline Court Culture », in *Deviceful Settings: The English Renaissance Emblem and its Contexts*, éd. Michael Bath et Daniel Russell, New York, pp. 83-96.

Fattori, Marta (2007), « La filosofia moderna e il S. Uffizio: "Hobbes Hæreticus Est, et Anglus" », *Rivista di storia della filosofia*, 1, pp. 83-108.

Ferrarin, Alfredo (2001), *Artificio, desiderio, considerazione di sé: Hobbese e i fondamenti anthropologici della politica*, Pise.

Foisneau, Luc (2000), *Hobbes et la toute-puissance de Dieu*, Paris.

Frank, Joseph (1980), *Cromwell's Press Agent: A Critical Biography of Marchamont Nedham, 1620-1678*, Lanham, MD.

Fukuda, Arihiro (1997), *Sovereignty and the Sword: Harrington, Hobbes, and Mixed Government in the English Civil Wars*, Oxford.

Gauthier, David P. (1969), *The Logic of Leviathan: The Moral and Political Theory of Thomas Hobbes*, Oxford.

Goldsmith, M. M. (1989), « Hobbes on Liberty », *Hobbes Studies*, 2, pp. 23-39.

– (2000), « Republican Liberty Considered », *History of Political Thought*, 21, pp. 543-559.

Halldenius, Lena (2002), « Locke and the Non-Arbitrary », *European Journal of Political Theory*, 2, pp. 261-279.

Hamilton, James Jay (1978), « Hobbes's Study and the Hardwick Library », *Journal of the History of Philosophy*, 16, pp. 445-453.

Harwood, John T. (1986), Introduction to *The Rhetorics of Thomas Hobbes and Bernard Lamy*, Carbondale et Edwardsville (Ill.), pp. 1-32.

Hirschmann, Nancy J. (2003), *The Subject of Liberty: Toward a Feminist Theory of Freedom*, Princeton (N.J.).

Hoekstra, Kinch (1998), « The Savage, The Citizen and the Foole: The Compulsion for Civil Society in the Philosophy of Thomas Hobbes », D. Phil., University of Oxford.

– (2001), « Tyrannus Rex *vs.* Leviathan », in *Pacific Philosophical Quarterly*, 82, pp. 420-445.

– (2004), « The *de facto* Turn in Hobbes's Political Philosophy », in *Leviathan After 350 Years*, éd. Tom Sorell et Luc Foisneau, Oxford, pp. 33-73.

– (2006a), « The End of Philosophy (The Case of Hobbes) », *Proceedings of the Aristotelian Society*, 106, pp. 23-60.

– (2006b), « A lion in the house: Hobbes and democracy », in *Rethinking the Foundations of Modern Political Thought*, éd. Annabel Brett et James Tully, Cambridge, pp. 191-218.

Honohan, Iseult (2002), *Civic Republicanism*, Londres.

Hood, F. C. (1967), « The Change in Hobbes's Definition of Liberty », *Philosophical Quarterly*, 17, pp. 150-163.

Hüning, Dieter (1998), *Freiheit und Herrschaft in der Rechtsphilosophie des Thomas Hobbes*, Berlin.

Jacob, James R. et Raylor, Timothy (1991), « Opera and obedience : Thomas Hobbes and *A Proposition for Advancement of Moralitie* by Sir William Davenant », *The Seventeenth Century*, 6, pp. 205-250.

Jacquot, Jean et Jones, Harold Whitmore (1973), Introduction à *Thomas Hobbes : Critique du* De Mundo *de Thomas White*, Paris, pp. 9-102.

James, Susan (1997), *Passion and Action : The Emotions in Seventeenth-Century Philosophy*, Oxford.

Jaume, Lucien (1983), « La théorie de la "personne fictive" dans le *Léviathan* de Hobbes », *Revue française de science politique*, 33, pp. 1009-1035.

Kelsey, Sean (1997), *Inventing a Republic : The Political Culture of the English Commonwealth 1649-1653*, Manchester.

Kramer, Matthew (2001), « On the Unavoidability of Actions : Quentin Skinner, Thomas Hobbes, and the Modern Doctrine of Negative Liberty », *Inquiry*, 44, pp. 315-330.

– (2003), *The Quality of Freedom*, Oxford.

Kristeller, Paul Oskar (1961), *Renaissance Thought : The Classic, Scholastic, and Humanist Strains*, New York.

Kupperman, Karen Ordahl (1980), *Settling with the Indians : The Meeting of English and Indian Cultures in America, 1580-1640*, Totowa (NJ).

Leijenhorst, Cees (2002), *The Mechanisation of Aristotelianism : The Late Aristotelian Setting of Thomas Hobbes' Natural Philosophy*, Leyde.

Lessay, Franck (1993), Introduction à *De la Liberté et de la nécessité*, Paris, pp. 29-54.

Lloyd, S. A. (1992), *Ideals as Interests in Hobbes's Leviathan : The Power of Mind over Matter*, Cambridge.

Macdonald, Hugh et Hargreaves, Mary (1952), *Thomas Hobbes : A Bibliography*, Londres.

Madan, Francis F. (1950), *A New Bibliography of the Eikon Basilike of King Charles the First*, Londres.

Malcolm, Noel (1994), « Biographical Register of Hobbes's Correspondents », in *The Correspondence of Thomas Hobbes*, éd. Noel Malcolm, 2 vol., Oxford, vol. 2, pp. 777-919.

– (2002), *Aspects of Hobbes*, Oxford.

– (2007a), *Reason of State, Propaganda, and the Thirty Years' War: An Unknown Translation by Thomas Hobbes*, Oxford.

– (2007b), « The Name and Nature of Leviathan: Political Symbolism and Biblical Exegesis », *Intellectual History Review*, 17, pp. 21-39.

MANNING, John (1988), « Geffrey Whitney's Unpublished Emblems: Further Evidence of Indebtedness to Continental Traditions », in *The English Emblem and the Continental Tradition*, éd. Peter M. Daly, New York, pp. 83-107.

MARTINICH, A. P. (1992), *The Two Gods of Leviathan: Thomas Hobbes on Religion and Politics*, Cambridge.

– (1999), *Hobbes: A Biography*, Cambridge.

– (2004), « Hobbes's Reply to Republicanism », in *Nuove prospettive critiche sul Leviatano di Hobbes*, éd. Luc Foisneau et George Wright, Milan, pp. 227-239.

– (2005), *Hobbes*, Londres.

MAYNOR, John (2002), « Another Instrumental Republican Approach ? », *European Journal of Political Theory*, 1, pp. 71-89.

MENDLE, Michael (1995), *Henry Parker and the English Civil War: The Political Thought of the Public's « Privado »*, Cambridge.

METZGER, Hans-Dieter (1991), *Thomas Hobbes und die Englische Revolution 1640-1660*, Stuttgart.

MILL, David van (2001), *Liberty, Rationality, and Agency in Hobbes's Leviathan*, Albany (N.Y.).

MÜNKLER, Herfried (2001), *Thomas Hobbes*, Francfort.

NAUTA, Lodi (2002), « Hobbes on Religion and the Church between *The Elements of Law* and *Leviathan*: A Dramatic Change of Direction ? », *Journal of the History of Ideas*, 63, pp. 577-598.

NELSON, Eric (2004), *The Greek Tradition in Republican Thought*, Cambridge.

OAKESHOTT, Michael (1975), *Hobbes on Civil Association*, Oxford.

OVERHOFF, Jürgen (2000), *Hobbes's Theory of the Will: Ideological Reasons and Historical Circumstances*, Oxford.

PACCHI, Arrigo (1998), « Diritti naturali e libertà politica in Hobbes », *Scritti hobbesiani (1978-1990)*, éd. Agostino Lupoli, Milan, pp. 145-162.

PARENT, W. A. (1974), « Some Recent Work on the Concept of Liberty », *American Philosophical Quarterly*, 11, pp. 149-167.

PARKIN, Jon (2007), *Taming the Leviathan : The Reception of the Political and Religious Ideas of Thomas Hobbes in England 1640-1700*, Cambridge.

PELTONEN, Markku (1995), *Classical Humanism and Republicanism in English Political Thought 1570-1640*, Cambridge.

PETTIT, Philip (1997), *Republicanism : A Theory of Freedom and Government*, Oxford ; *Républicanisme : une théorie de la liberté et du gouvernement*, trad. de l'anglais par Patrick Savidan et Jean-Fabien Spitz, Paris, Gallimard, 2004.

– (2001), *A Theory of Freedom : From the Psychology to the Politics of Agency*, Oxford.

– (2002), « Keeping Republican Freedom Simple : On a Difference with Quentin Skinner », *Political Theory*, 30, pp. 339-356.

– (2005), « Liberty and Leviathan », *Politics, Philosophy and Economics*, 4, pp. 131-151.

PINK, Thomas (2004), « Suarez, Hobbes and the scholastic tradition in action theory », in *The Will and Human Action : From Antiquity to the Present Day*, éd. Thomas Pink et M. W. F. Stone, Londres, pp. 127-153.

PITKIN, Hannah Fenichel (1988), « Are Freedom and Liberty Twins ? », *Political Theory*, 16, pp. 523-552.

POCOCK, J. G. A. (1987), *The Ancient Constitution and the Feudal Law : A Study of English Historical Thought in the Seventeenth Century : A Reissue with a Retrospect*, Cambridge ; *L'Ancienne Constitution et le droit féodal : étude de la pensée historique dans l'Angleterre du XVIIe siècle*, trad. de l'anglais par Sabine Reungoat et Michèle Vignaux, Paris, PUF, 2000.

RAPHAEL, D. D. (1984), « Hobbes », in *Conceptions of Liberty in Political Philosophy*, éd. Zbigniew Pelczynski et John Gray, Londres, pp. 27-38.

ROBERTSON, George Croom (1886), *Hobbes*, Édimbourg.

ROSATI, Massimo (2000), « La libertà repubblicana », *Filosofia e questioni pubbliche* 5, pp. 121-137.

ROSSINI, Gigliola (1988), *Natura e artificio nel pensiero di Hobbes*, Bologne.

Runciman, David (2000), « What Kind of Person is Hobbes's State ? A Reply to Skinner », *The Journal of Political Philosophy*, 8, pp. 268-278.

Salmon, J. H. M. (1959), *The French Religious Wars in English Political Thought*, Oxford.

Schuhmann, Karl (1998), *Hobbes : une chronique. Cheminement de sa pensée et de sa vie*, Paris.

Scott, Jonathan (2004), *Commonwealth Principles : Republican Writing of the English Revolution*, Cambridge.

Shaw, Carl K. Y. (2003), « Quentin Skinner on the Proper Meaning of Republican Liberty », *Politics*, 23, pp. 46-56.

Skinner, Quentin (1978), *The Foundations of Modern Political Thought*, 2 vol., Cambridge ; *Les Fondements de la pensée politique moderne*, trad. de l'anglais par Jerome Grossman et Jean-Yves Pouilloux, Paris, Albin Michel, 2001.

— (1996), *Reason and Rhetoric in the Philosophy of Hobbes*, Cambridge.

— (1998), *Liberty Before Liberalism*, Cambridge ; *La Liberté avant le libéralisme*, trad. de l'anglais par Muriel Zagha, Paris, Seuil, 2000.

— (2002a), *Visions of Politics*, 3 vol., Cambridge.

— (2002b), « Classical Liberty and the Coming of the English Civil War », in *Republicanism : A Shared European Heritage*, éd. Martin van Gelderen et Quentin Skinner, 2 vol., Cambridge.

— (2002c), « A Third Concept of Liberty », *Proceedings of the British Academy*, 117, pp. 237-268.

— (2005a), Introduction à *Questions Relative to Hereditary Right*, in Thomas Hobbes, *Writings on Common Law and Hereditary Right*, éd. Alan Cromartie et Quentin Skinner, Oxford, pp. 153-176.

— (2005b), « Hobbes on Representation », *European Journal of Philosophy*, 13, pp. 155-84.

— (2006a), « Surveying the *Foundations* : a retrospect and reassessment », in *Rethinking the Foundations of Modern Political Thought*, éd. Annabel Brett et James Tully, Cambridge, pp. 236-261.

— (2006b), « Rethinking Political Liberty in the English Revolution », *History Workshop Journal*, 61, pp. 156-170.

— (2006-7), « La teoría evolutiva de la libertad de Thomas Hobbes », *Revista de Estudios Politicos*, 134, pp. 35-69 et 135, pp. 11-36.

– (2007), « Hobbes on Persons, Authors and Representatives' in *The Cambridge Companion to Leviathan*, éd. Patricia Springborg, Cambridge, pp. 157-180.

SLOAN, Kim (2007), *A New World : England's First View of America*, Londres.

SMITH, David L. (1994), *Constitutional Royalism and the Search for Settlement, ca. 1640-1649*, Cambridge.

SMITH, Nigel (1994), *Literature and Revolution in England 1640-1660*, Londres.

SMITH, Geoffrey (2003), *The Cavaliers in Exile, 1640-1660*, Basingstoke.

SOMMERVILLE, Johann (1992), *Thomas Hobbes : Political Ideas in Historical Context*, New York.

– (1996), « Lofty science and local politics », in *The Cambridge Companion to Hobbes*, éd. Tom Sorell, Cambridge, pp. 246-273.

– (1999), *Royalists and Patriots : Politics and Ideology in England 1603-1640*, Londres.

– (2004), « Hobbes and Independency », in *Nuove prospettive critiche sul Leviatano di Hobbes*, éd. Luc Foisneau et George Wright, Milan, pp. 155-173.

– (2007), « English and Roman Liberty in the Monarchical Republic of Early Stuart England », in *The Monarchical Republic of Early Modern England : Essays in Response to Patrick Collinson*, éd. John McDiarmid, Aldershot, pp. 308-320.

SOUTHGATE, Beverley (1993), *« Covetous of Truth » : The Life and Work of Thomas White, 1593-1676*, Dordrecht.

STEINER, Hillel (1974-5), « Individual Liberty », *Proceedings of the Aristotelian Society*, 75, pp. 33-50.

TARLTON, Charles D. (1999), « To avoyd the present stroke of death' : Despotical Dominion, Force, and Legitimacy in Hobbes's *Leviathan* », *Philosophy*, 74, pp. 221-245.

TAYLOR, Michael (1982), *Community, Anarchy and Liberty*, Cambridge.

TERREL, Jean (1997), « Hobbes et le républicanisme », *Revue de synthèse*, 118, pp. 221-236.

THOMAS, Keith (1965), « The Social Origins of Hobbes's Political

Thought», in *Hobbes Studies,* éd. K. C. Brown, Cambridge (Mass.), pp. 185-236.

Tönnies, Ferdinand (1969), Preface to Thomas Hobbes, *The Elements of Law Natural and Politic*, éd. Ferdinand Tönnies, 2ᵉ éd., intro. M. M. Goldsmith, Londres, pp. v-xiii.

Trease, Geoffrey (1979), *Portrait of a Cavalier: William Cavendish, First Duke of Newcastle*, Londres.

Tricaud, François (1985), «Éclaircissements sur les six premières biographies de Hobbes», *Archives de philosophie*, 48, pp. 277-286.

Tuck, Richard (1989), *Hobbes*, Oxford.

– (1993), *Philosophy and Government 1572-1651*, Cambridge.

– (1996), Introduction à Thomas Hobbes, *Leviathan*, Cambridge, pp. ix-lvi.

– (1998), Introduction à Thomas Hobbes, *On the Citizen*, Cambridge, pp. viii-xxxiii.

Tully, James (1993), *An Approach to Political Philosophy: Locke in Contexts*, Cambridge.

– (1999), «The agonic freedom of citizens», *Economy and Society*, 28, pp. 161-182.

Viroli, Maurizio (2002), *Republicanism*, New York.

Waldron, Jeremy (2001), «Hobbes and the Principle of Publicity», *Pacific Philosophical Quarterly*, 82, pp. 447-474.

Wallace, John M. (1964), «The Engagement Controversy 1649-1652: An Annotated List of Pamphlets», *Bulletin of the New York Public Library*, 68, pp. 384-405.

Warrender, Howard (1957), *The Political Philosophy of Hobbes: his Theory of Obligation*, Oxford.

– (1983), Introduction à Thomas Hobbes, *De cive: The Latin Version*, éd. Howard Warrender, Oxford, pp. 1-67.

Watson, Elizabeth See (1993), *Achille Bocchi and the Emblem Book as Symbolic Form*, Cambridge.

Wilcher, Robert (2001), *The Writing of Royalism 1628-1660*, Cambridge.

Wirszubski, C. (1960), *Libertas as a Political Idea at Rome during the Late Republic and Early Principate*, Cambridge.

Wittgenstein, Ludwig (1958), *Philosophical Investigations*, trad. G. E. M. Anscombe, 2ᵉ éd., Oxford; *Recherches philosophiques*,

trad. de l'allemand par Françoise Dastur, Maurice Élie, Jean-Luc Gautero… *[et al.]*, avant-propos et apparat critique d'Élisabeth Rigal, Paris, Gallimard, 2005.
WRIGLEY, E. A. et SCHOFIELD, R. S. (1981), *The Population History of England 1541-1871 : A Reconstruction*, Londres.
YOUNG, Michael B. (1986), *Servility and Service : The Life and Work of Sir John Coke*, Woodbridge.

Index

obéissance à Dieu, 122
paix ; 107-108
protection et obligation, 177-178
préservation de soi, 104-105, 120
sauvages américains, 108-112
serviteurs, 113-114, 124
souveraineté, 117, 121-122, 125-126 ; d'acquisition, 113 ; d'institution, 113, 163
sujétion, 125-126, 127-128
volonté, 103, 119-122
Digby, Georges, deuxième comte de Bristol, 97
Digeste de droit romain, 7, 8 et n., 9-10, 56, 116

Eikon basilike, 178, 180, 186, 187
Les Éléments de la loi naturelle et politique (Hobbes), 11, 165, 166-167, 173-174
    livre, composition du, 36, 95
    impression du, 39
    agir librement, 44-45, 138-139
    consentement, 67-68, 92-93, 193-194
    contrainte, 41-44, 92, 137-138
    convention, 61-64, 67-71, 112-113, 138-139, 193-194
    corps politiques, 40-41, 42-44, 66, 67
    crainte et obéissance, 68-69, 194
    délibération, 41, 44-45, 63
    démocratie, 32, 89-90, 116
    droit naturel, 53-54, 57, 104
    égalité, 50-60

esclaves, 61-62, 68-69, 71, 113-114, 127-128, 193-194
état de nature, 53-54, 58-59, 61-62, 105, 108
États mixtes, 78-79, 86-88, 114
homme libre*, 88, 90-93, 150-151
liberté, et loi, 69-70 ; types de : naturelle, 54-55, 57, 58-60, 69-71, 193-194 ; religieuse, 167
paix, 58-59, 60, 67, 69-70
les passions, 46-47, 60
préservation de soi, 54-55, 67-68, 70-71, 106-107, 124-125, 194
propriété privée, 91-92, 101
protection et obligation, 70, 177-178
serviteurs, 60-61, 68-69, 71, 100, 113
souveraineté, 70-71, 86-87, 89, 91-92, 97, 100-101, 125 ; d'acquisition, 43, 68-69, 92, 113 ; d'institution, 67, 92-93, 163
sujétion, 127-128
la volonté, 41-44, 45-46
Eliot, sir John, 75
Érasme, Desiderius, 47-48
esclavage, 8, 9, 10, 11, 56, 61-62, 69, 71, 73, 75-76, 80-84, 87, 91, 93, 97, 114, 128, 143-144, 146, 148-149, 153-154, 157, 161, 194-195, 203, 205-206
État, comme *persona ficta*, 34, 64, 66, 183-185 et n., 187-88, 191
État de nature, 56-8 ; Hobbes sur, 53-56, 59 n., 60-61, 70-71, 104,

Table des illustrations

11. Thomas Hobbes (1642), *Elementorum Philosophiæ Section Tertia De cive*, Paris, frontispice.

12. Thomas Hariot (1590), *A Briefe and True Report of the New Found Land of Virginia*, Francfort, planche 3.

13. Cesare Ripa (1611), *Iconologia*, Padoue, p. 360.

14. André Alciat (1550), *Emblemata*, Lyon, p. 94.

15. Le Grand Sceau du Commonwealth anglais.

16. André Alciat (1550), *Emblemata*, Lyon, p. 194.

17. [John Gauden] (1649), *Eikon Basilike : The Pourtraicture of His Sacred Majestie in his Solitudes and Sufferings*, Londres, frontispice.

18. Thomas Hobbes (1651), *Leviathan Or The Matter, Forme, and Power Of A Common-wealth Ecclesiasticall and Civil*, Londres, frontispice.

19. George Wither (1635), *A Collection of Emblemes, Ancient and Moderne*, Londres, p. 179.

Table

Impression : Normandie Roto Impression s.a.s. 2009
Éditions Albin Michel
22, rue Huyghens, 75014 Paris
www.albin-michel.fr
ISBN : 978-2-226-18710-9
ISSN : 1158 4572
N° d'édition : 25761 – N° d'impression : 092486
Dépôt légal : septembre 2009
Imprimé en France